科学史上最有梗的20堂化学课

上册

胡妙芬　LIS科学教材研发团队　著

陈彦伶　绘

北京日报出版社

图书在版编目（CIP）数据

科学史上最有梗的 20 堂化学课．上册 / 胡妙芬，LIS
科学教材研发团队著；陈彦伶绘．—北京：北京日报出版
社，2021.2
ISBN 978-7-5477-3884-9

Ⅰ．①科… Ⅱ．①胡… ②L… ③陈… Ⅲ．①化学—青
少年读物 Ⅳ．① O6-49

中国版本图书馆 CIP 数据核字（2020）第 214935 号

著作权合同登记号　图字：01-2020-7687

本书由亲子天下股份有限公司正式授权

科学史上最有梗的 20 堂化学课　上册
KEXUESHI SHANG ZUIYOUGENG DE 20 TANG HUAXUEKE　SHANGCE

责任编辑：杨秋伟
策　　划：付玉静
装帧设计：桃子喆
出版发行：北京日报出版社
社　　址：北京市东城区东单三条 8-16 号东方广场东配楼四层
邮　　编：100005
电　　话：发行部：（010）65255876
　　　　　总编室：（010）65252135
印　　刷：肥城新华印刷有限公司
经　　销：各地新华书店
版　　次：2021 年 2 月第 1 版
　　　　　2021 年 2 月第 1 次印刷
开　　本：787mm×1092mm　1/16
总 印 张：18
总 字 数：270 千字
定　　价：78.00 元（全二册）

⚛ 出版前言

　　化学作为一门实用学科，与我们的生活息息相关。可对一些孩子来说，元素周期表与化学方程式简直就是学好化学道路上的拦路虎，在搞不清化学原理的情况下，单靠死记硬背想要学好化学，实在是很难。

　　"要是能让孩子了解化学家探索真理的过程，**让化学更接地气、更有趣**就好了。"抱着这样的想法，我们精选出一批优秀的科普童书作品，并最终选定由中国台湾LIS科学教材研发团队与知名儿童科普作家胡妙芬联手打造的化学史科普书——《科学史上最有梗的20堂化学课》（全二册）。

　　在出版过程中，为了与国内课堂无缝接轨，我们邀请了多位长期从事一线教学的化学名师对全书知识点进行了审校，并精心总结出了"本套书与初中、高中化学教材学习内容对应表"。为了帮助即将学习化学的孩子轻松完成知识的过渡，我们特意添加了脚注，对专业名词或知识点进行解释。为了使孩子能够更加方便高效地学习，我们随书附赠了"化学史关键年表"和"元素周期表"。

　　"我的孩子现在看化学史的书会不会太早？"有的家长可能会存在这样的疑虑。其实，**这是一套化学桥梁书，它既能作为孩子学习化学前的思维启蒙书，又能用来拓宽孩子的化学视野**。书中特别设计了LIS老师、严八、鲁芙三个性格迥异的漫画主人公，配合趣味对话，带孩子走进奇妙的化学世界，使孩子跟随科学家的脚步，由浅入深、循序渐进地学习化学。书中搭配的三十八部超有梗的线上化学视频，带你穿越时空，近距离了解化学家的思考方式。拉瓦锡、卡文迪许、道尔顿、阿伏加德罗、门捷列夫……这些在课本中出现过的、看似遥远的化学家，也曾和你一样，被化学问题困扰。但探索、求知的精神使他们突破桎梏，取得成功。

　　愿你和他们一样，积极探索，永葆好奇心！

天一童书馆

作者序

培养孩子解决问题的能力、提高孩子的科学素养

　　《科学史上最有梗的20堂化学课》（全二册）是由LIS科学教材研发团队（以下简称"LIS"）编审而成。这套书从古希腊时期的自然哲学谈起，依次介绍了炼金术的影响、十七至十九世纪化学发展历程、十九至二十世纪电学在化学中的应用，以及人类如何找出原子的内部结构等内容。书中介绍了数十位科学家的传记逸事，并以他们的科学探索历程为线索，编写出了最精华的20堂化学课。

科学家解决问题的思维与方法

　　我们（LIS）是一个非营利组织，由许许多多对教育有热情的年轻人组成。我们的宗旨是"Learning in Science"（科学学习）。我们的愿景是"让每一个孩子，都拥有实践梦想的勇气和能力"。我们相信学习的本质其实是STEAM（教育理念）或是PISA（国际学生评估项目）所谈的"好奇心""批判性思考"和"解决问题的能力"，这才是每一个人一辈子都用得到的能力。因此，我们从科学开始，梳理科学史的脉络，将科学家解决问题的思维、方法及过程，开发成独一无二的创新教材。

　　我们在知识内容的制作上花了相当多的功夫，这是因为一个理论的出现或是一个研究的发现，并不完全是简单的突发事件，必须找到这些发现的前因后果，才能还原当时科学家所遇到的问题。而在研究与讨论史料的过程中，我们的讨论经常涉及许多有趣的历史背景或者科学家的奇闻逸事。例如，同样的一个发现、一个成就，或者一个大事件的出现，通常是由许多不同的因素累积而成的，它包括了时代背景、前人累积的知识、各国在科学发展上的角力、研究仪器的水平等，这些都是成就故事的重要条件。在长达一年半酝酿出书的过程中，十分感谢儿童科普作家胡妙芬提供了她宝贵的写作经验，让我们的内容变得更加生动有趣。

书中带有跟图书内容相贴合的视频（扫二维码即可获取），以动画和戏剧的方式，把科学变得图像化且富有故事性，所以大家在观看时会很容易进入我们设定的情境中，进而引发学习动机。只是，所有的历史事件都不是短短几分钟就可以说完的，影片最多只能将最精华的部分呈现给大家，这也是我们觉得很可惜的地方。

对我们来说，学习的本质就是如此：试着去深掘问题、试着去找到属于自己的答案，最重要的是保持对事物的好奇心。

书是影片的延伸

正是因为"想让大家读到完整的科学发展"的这个初衷，我们决定出书。书中的关键人物——LIS老师，代表我们这个组织所有人的智慧结晶。书中的"严八"和"鲁芙"这两个跟影片有关联的角色，代表正在为化学奋斗的广大学生——也就是正在看这套书的你们发声及提问。

最后我们想跟大家说，这是一套完全不同于目前市场上的科普童书作品，它结合了**科学史、科学家人物传记、科学理论演进历程**等多元面向，还特别设计了能让大家天马行空发问的"快问快答"单元。在阅读时，你可以把它视为科普版的"科学通史"，也可以单纯地把它当作有趣的科学故事书来读……这都没有问题，因为我们相信这套书的内容，结合了我们耕耘多年的知识结晶，一定能让大家得到意想不到的收获。

LIS科学教材研发团队

目录

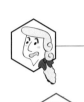

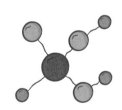

出场人物

鲁芙
双鱼座
十四岁

凡事认真，爱笑又爱哭的中学女生。喜欢化学却总是学不好，听说科学史研究社来了很厉害的新老师，连忙拉着好友严八一起参加。

严八
射手座
十四岁

满脸雀斑的大男孩，讨厌考试与教科书，经常在上课时偷看漫画书，很好奇竟有"听故事就能学会化学"的社团，勉为其难跟着鲁芙一起去。

LIS老师
天秤座
年龄不详

　　科学史研究社的社团老师。自认为是浪漫的科学青年，最爱自己蓬松有型的鬈发。喜欢化学和烹饪，最擅长用说故事的方式让学生爱上科学。

/第 1 课/

没有化学的漫长年代

米利都的泰勒斯

"如果这个世界没有化学……"，听到这个假设，很多中学生应该会非常开心吧！恨不得自己可以生活在那个没有化学，也不用学化学的时代！可是，现代人方便又舒适的日常生活，绝大部分都奠基在日新月异的科学发展上，化学更在其中扮演了举足轻重的角色。

说到这里，或许你会忍不住想问："那么，令人又爱又恨的化学，到底是从什么时候冒出来的呢？"

其实，"化学"成为一门科学的时间很短，从十七世纪开始到现在，时间不过短短四百年左右。如果拿它来跟人类的祖先"直立人"出现在地球上的两百多万年相比，就像一天二十四小时里最后的二十一秒。

火是化学的起源

在刚开始出现人类的一百多万年里，人类只能像生活在大自然里的动物一样，对环境变化"逆来顺受"。他们的"逆来顺受"并不是因为心甘情愿或者看破一切，而是因为远古的原始人类，几乎没有改造自然的知识与能力，只能在野地里游荡，任凭风吹雨打，喝生水，吃野果果腹。如果幸运地抓到小动物，就用手撕开，连毛带血一并吞下……听起来很吓人吧！

一直到人类懂得用"火"，才算是以化学手段改善生活条件的开始。

最早，人类应该是利用雷击、森林大火或火山爆发的机会取得火苗。他们不断地往火里添柴，想尽办法维持火种，因为他们发现：用火烤过的野味特别香、有火燃烧的山洞特别暖。除此之外，火还能拿来驱赶野兽、照亮黑夜……火这么好用，

用火是"化学"的开始。

当然不能让它熄灭。后来，人类发现钻木取火或用燧石互击就能生火，从此就进入控制火、用火改变自然生活的新时代了。

或许是在一个围着火堆打瞌睡的无聊午后，我们的祖先发现，火堆下长期受到火烤的泥土竟然变得十分坚硬。于是有人去找黏土和水，捏成盘子或盆的形状放入火堆，便烤出了好用的陶盘或陶盆，从此人类文明就进入陶器时代。后来，在寻找泥土及烧陶的过程中，又发现有些矿物或石头很不一样，烧着烧着竟然会出现"玻璃"，以及闪亮发光的金属，于是人类又进一步进入铜器时代，再从铜器时代发展到铁器时代。

陶瓷和玻璃的发明，使人类能贮存水和盛装食物；铜器和铁器的发明，则使人类的狩猎与农业迅速发展。于是，人类的社会生产力提高了，除了应付每天的吃喝拉撒之外，慢慢有了多余的精力和时间，发展陶艺、酿酒、染色和各种冶金工艺。这些林林总总的活动，虽然都还没有发展出系统化的知识理论，但它们都算化学的前身，并用极为缓慢的速度为人类文明建构了最早的化学知识。

烤肉算化学？太简单了，我也会……

这些都是我们做出来的！

——火

信仰主宰了所有未知的解答

不过，除了日出而作、日落而息的生活规律以外，大自然施加在人类身上的，还有无情的天灾地变、洪水猛兽，无尽无休的疾病和死亡。想想看，如果你也生活在远古时期，会如何解释这些令人害怕的现象呢？

　　没错，我们的祖先对于太多的未知，只能"问天"，人类最早的"信仰"，也就是这么来的。因为当人类对大自然不了解，只能发现规律却找不出原因时，自然很容易形成"大自然一定是有'神'或'灵'在背后操弄"的概念。

神呀，请告诉我答案！

　　他们认为："神掌管了万物的运作，而人类必须遵守神的规则。"

　　我们来想象一下，如果今天我们是远古人类，在草原上看到闪电从天而降引发大火，虽然我们知道天上时不时会打雷，但我们只知道打雷很可怕，却不晓得为什么会打雷，这时你怎么解释打雷的现象呢？对科学原理一无所知的原始人，会直接联想："天上有人在负责打雷！"而那个人是谁？姑且就叫他"雷公"吧！之后只要遇到打雷，就代表雷公生气了，所以我们只要多听雷公的话，不要惹雷公生气，这样就不会遭到雷劈，就觉得安心多了……

　　按照这样的逻辑，火，有掌管火焰的火神；河，有掌管水流的河神；谷物，有掌管丰收的丰收神……甚至连茅坑都可能有茅坑神吧！人类的神灵信仰就这样兴起，并在世界各地蓬勃发展。有趣的是，人类创造了"神"以后，不只自己崇拜起神来，还为这些神明写了许多故事，让神也像人一样有七情六欲，在天上人间发展错综复杂的爱恨情仇，像"希腊神话"就是一个"神际关系"超级复杂的最佳例子。

自然哲学家影响后世的科学发展

　　不过话说回来，当一般大众忙着听从神的教诲、用神话解释自然现象时，却有一群人保持独立思考，不人云亦云。这群人客观地观察周遭世界，再提出自己的见解与观点，他们是古代最早的自然哲学家，也可以算是"现代科学的祖师爷"。

　　这群自然哲学家遍布古希腊、古埃及、古印度、中国和世界其他各地，探讨的问题非常广泛，包括整个宇宙的起源、大自然的本质、物质之间的相互关系或物质

运动的规律等。虽然这些问题听起来又大又空泛,他们提出的见解也不一定正确,但是却催生了现代的科学。尤其是古希腊的哲学家们,他们提出的观点,对后世的化学乃至整个科学、科技的发展,都有着古老且深远的影响。

"小亚细亚"位于现在的土耳其境内,这里地处欧亚非三大洲的交界处,是孕育人类古文明的重要区域。《希腊神话》《荷马史诗》和《圣经》等古典名著中的许多传说、叙述和记载,都可以在这里找到依据。

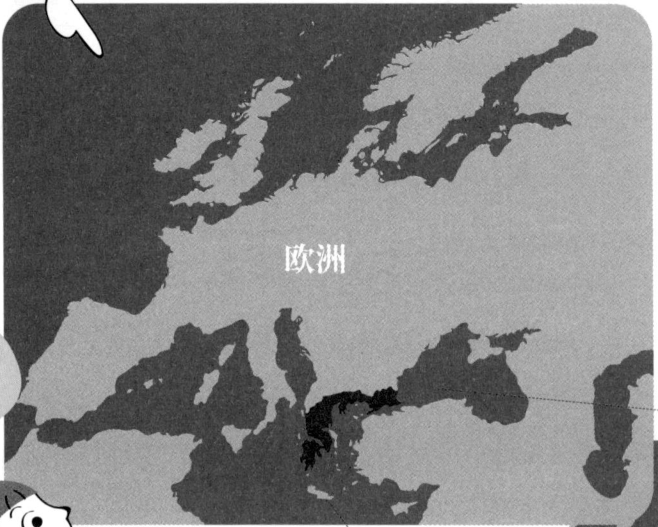

原来
在这里!

欧洲

古希腊

希腊

爱琴海

小亚细亚

古希腊的区域则包含一部分的小亚细亚以及散布在爱琴海上的许多岛屿。

接下来,就让我们一起来听听有"科学之祖"美誉的古希腊哲学家泰勒斯(Thales)的故事。在两千六百多年前,当大部分的人都还相信天神宙斯会下凡跟人间女子谈恋爱时,泰勒斯到底是怎么独排众议,谈理性、说科学、论思辨的呢……

科学的始祖
米利都的泰勒斯

泰勒斯
公元前624—前547
古希腊哲学家

米利都（Miletus），古希腊殖民城邦，位于小亚细亚门德河口。它的西边隔着爱琴海，与希腊本土遥遥相望，东边紧邻新巴比伦王国，南边渡过地中海就是文明古国埃及。由于地理位置四通八达，这里不但商业繁荣，也是各种文化思想荟萃与交流的中心。

公元前624年，一个非常爱问"为什么"的孩子，在米利都诞生，他的名字叫作泰勒斯。这个孩子头脑清晰、反应快速，日后成了名垂青史的自然哲学家。作为一个思考达人，泰勒斯最常思考的问题就是：

"自然是什么？"

"世界是由什么构成的？"

为了寻找答案，年轻的泰勒斯请教了当时的长老、智者，以及许许多多见多识广的人，但得到的都只是"不清楚""不知道"这种令人泄气的答案。

我要努力向大自然找答案！

青年泰勒斯

直到一位白发苍苍的老人说：

"年轻人，去钻研吧！老天不会辜负你的努力！去大自然寻找你要的答案吧！"

于是，泰勒斯带着老人的话，展开了他的自然探索之旅。他用心地观察身边的自然变化，认真地思考万物之间的关系。据说他的足迹遍布古埃及与美索不达米亚，在那里他学到了天文学和几何学，并把几何学带回古希腊。他还学习丈量土地与占星术，预言日食的时间，并且估算出太阳的直径，认定一年应该拥有三百六十五天……

随着时间慢慢过去，对知识充满热情的泰勒斯已经成为著名的大学者，但是他仍不断地思考："自然究竟是什么？它又是由什么组成的呢？"

据说，曾经有人质疑泰勒斯："知道这些有什么用呢？你看看，哲学家（也就是现代所说的科学家）都是穷光蛋，可见学习哲学一点儿用处也没有！"

为了反驳这种说法，泰勒斯运用他最精通的天象观察知识，预判到第二年的橄榄将会有大丰收。他用他身上仅有的一点儿钱，把当地全部的榨油器用很低的价钱预租下来。到了第二年榨油器突然供不应求的时候，泰勒斯就借此赚了一大笔钱。

我要向大家证明，只要哲学家愿意，也可以拥有财富！

中年泰勒斯

他做这件事的目的不是为了赚大钱，而是向世界证明——向大自然学习是很实用的。

三十岁时，泰勒斯决定从商。他注意到小亚细亚的橄榄油非常贵，但在埃及却非常便宜。于是他买船，做起了跨海的橄榄油生意。在经商的过程中，他看到过海天一色的壮观景象，也见识到大海的浩瀚无边与无穷无尽的威力，于是他把在海上的所见所闻，套用在多年来不断追寻的答案上，最终得出了属于自己的结论：

"万物源于水。"

"组成自然界的本原就是水，水是形成自然万物的最基本元素。"

"世间万物都由水而来，是水用不同的形式展现出来的。"

泰勒斯进一步推论，在遥远的古代，地球上曾经是一片汪洋，大地和万物就从这片汪洋中衍生出来，就像尼罗河三角洲是从水中浮现出来的一样。他还认为，整个世界是一个浮在水上的圆盘，地震则是因为大地被水浪冲击。

由于水可以汽化，也可以凝固，所以可以用气体、液体、固体三种形态的交叉变化，发展为各种事物的样貌。

泰勒斯的理性思考，以及对天文、地理、数学等现象的观察与理解，让他成为许多学者学习的对象。后来他和学生形成"米利都学派"，也使得米利都成为日后古希腊哲学与科学的发源地。

如果用现在的眼光来看，或许你会觉得泰勒斯的理论既奇怪又不正确，听起来非常荒谬。

但是，在那个古老的年代，泰勒斯是第一个撇开神和超自然力量，倡

万物怎么可能是水做成的嘛!

如果他会做实验,就会发现这是错的!

导用理性、逻辑去思辨,并用实际观察去解释自然现象的人。换句话说,泰勒斯建立了一个新的模式——用现实世界和大自然的术语来解释人类周遭的变化,而不牵扯到宗教、神和超自然的力量,这就是"科学"的本质。

未来,真正的科学将像种子一样,在这片土地上萌芽;而米利都的泰勒斯,就是第一个播种的人,他是伟大的科学启蒙者,也被公认是"世界科学与哲学的始祖"。

真正的科学还在休眠中

听完泰勒斯的故事,或许你会以为科学从此发芽、茁壮生长,很快就会长成大树了。但事实不是这样。真正的科学还要经过一两千年才会开花结果。这是因为泰勒斯提出的科学概念毕竟还不成熟,而且当时的哲学家不是贵族就是富裕的自由民,他们通常只愿意进行"高尚的"脑力活动,不愿意动手做实验。而做实验大多是劳力活儿,是社会地位低的奴隶才做的事,所以当时的科学通常只停留在高谈阔论的层面,没有实验根据,在发展上受到很大的限制。

另外,像泰勒斯这样的思想家,在当时毕竟极为稀少,大部分的人,其实更容易被超自然的神力与奇迹迷惑,所以科学的思想,在世界的一角火光乍现后,很快就在历史的洪流中沉寂下来。接下来的世界,还要陷入迷信与非理性、笼罩在"炼金术"的迷雾中,好久好久……

快问快答

1 **除了用火，原始人也早就会用风、水、土、石头、树木等自然界的东西，为什么会说用火才是化学的开始呢？**

原来烤肉是化学变化！化学能像烤肉一样吃吗？

　　这跟人类对"化学"的定义有关系。如果你能了解"化学变化"跟"物理变化"的差别，应该就能明白为什么用火是化学的开始。

　　简单地说，化学就是一门"探讨物质变化"的学问。原始人用风吹干兽毛、用水清洗身体、用石器削开树皮……这些都只能算"物理变化"，而不是"化学变化"。因为这些动作都只改变了物质的状态，而没有产生新的物质。相反，用火把肉烤熟（肉里的蛋白质分子变性）、燃烧树枝取暖（树木的纤维素变成碳、二氧化碳等），都创造了新物质，才是真正的化学变化。

2 **哲学跟科学听起来差很远呢！为什么古时候的自然哲学家，会成为"现代科学家的祖师爷"呢？**

　　你的疑惑我理解。在现代大学里，"哲学系"通常在文学院，跟培养各种科学家的理学院、工学院……好像相去甚远。

　　但事实上，过去的自然哲学家跟后来的科学家，探求真理的本质是一样的——他们都在寻找**万物的规律**，试图来解释大自然的种种现象，只是方法不一样而已。过去的自然哲学家多半是通过"观察"和"思考"来解决

Chap. 1

问题，但后来的科学家，则必须设计"实验"，透过实际的、可重复得到的验证来寻找答案。

也因为这样，后来任何领域的最高学位"博士"，英文都称为"Ph.D."或"PhD"，也就是"Doctor of Philosophy"——"哲学博士"哟！

③ 既然古代的埃及、中国、印度、小亚细亚……都曾出现过自然哲学家，为什么会说人类科学是起源于古希腊呢？

我的天象观察是有根据的，不是空泛猜想，所以才能精准预测，赚大钱哟！

泰勒斯

难怪大家会叫你"科学的始祖"！

当然，现代的科学是全世界的科学家前仆后继、共同累积的结果。但是如果提到科学的起源，通常还是追溯到古希腊时代的那一群自然哲学家。因为他们不但提出了完整的理论架构，在议题讨论与知识的论辩上，也具备了系统性的观点。

更重要的是，他们的观点在后来的一两千年中，陆陆续续受到后人的传承、修正，并演变成了强调实验与实证的"科学"。而其他地区的自然哲学家，后续多停留在空泛的理论层次，并没有发展出实证的技术与方法。

LIS影音频道 ▶

扫码回复
"化学第1课"
获取视频链接

【自然系列——化学／物质探索01】科学怪博士——科学的起源

身处一个科学飞速发展的时代，我们使用着科学、控制着科学，也被科学控制着，却从未在意过一开始的"科学"从何而来。在远古时代，人们对大自然并不了解，面对各种各样的天灾，只能向天上的神明祷告。然而，日复一日、年复一年，人们终于发现光靠神明并不能消灾解厄，从此科学就开始悄悄诞生了……

/第 2 课/
黄金、魔法石与长生不老药

炼金术士

你们知道人类历史是如何从没有化学的时代，"长"出化学这门学科来的吗？有人认为，化学的始祖就是——炼金术。

炼金术的英文是"alchemy"，而化学是"chemistry"，从它们名字的演进，就可以嗅出一点儿"祖孙"关系。但是，炼金术是追求黄金、财富与不老仙丹的梦想，散发着妄想、神秘、狂热与江湖术士的气息，怎么会跟实事求是、讲求实证的科学——化学扯上关系呢？

知道什么是"歹竹出好笋"吗？又或者，至少听过"青出于蓝而胜于蓝"这句话吧！西方的近代化学，的确是源于满脑子发财梦的炼金术，而炼金术的起源，又要从古老又遥远的古埃及开始说起，整整横跨两千多年的漫长历史。

炼金术就是把普通金属炼造成黄金的技术

黄金？这个我有兴趣！

十六世纪的波兰炼金术士正在展现炼金成果。

炼金术起源于古埃及

西方炼金术的起源，最早可以追溯到古埃及的金属冶炼技术。当时繁荣昌盛的古埃及有一群很厉害的工匠，专门为富人和神庙制作艺术品。他们本来就很熟悉怎么为铜器镀金，甚至掌握了伪造黄金和制作假宝石的方法，但是却从来不知道这些普通金属最后是否真的变成了黄金。

换句话说，他们知道自己在"造假"，但没想过要"由假变真"。直到后来，古希腊的哲学思想和东方的神秘主义传进古埃及以后，这些工匠才受到影响，开始转而相信自己制造的"假黄金"，可能有机会变成某种形式的"真黄金"了。

为什么古希腊的自然哲学有这种"弄假成真"的魔力呢？原来，古希腊自然哲学有观念认为：万物都是有生命、有灵魂的，物质的存在并不重要，重要的是物质的灵魂（或灵气）。既然灵魂的优劣决定了人的善恶，金属的优劣当然也由金属的灵魂所决定。所以只要想办法，让普通金属的灵魂提升，或是让黄金的灵魂转入普通的金属中，那么不管什么普通金属都能变成十全十美的真黄金了。

古人如何让普通金属长出"黄金魂"？

1　让普通金属"死亡"

先让普通金属"死亡"，变成没有灵魂的金属。通常是用铁、锡、铅做成黑色的合金，因为黑色代表死亡。

 ——— "死亡"的金属

2　加上贵金属灵魂

在"死亡"的金属里加上金、银等贵金属的灵魂。由于升华的现象代表飘出灵魂，先用"水银蒸气"使合金的表面"熏"上一层白色，就代表变成了银。

 ——— 变成银

3　"熏"上黄金色泽

最后，再用"硫黄蒸气"在合金表面"熏"上一层黄色的色泽，就代表得到了黄金的灵魂，炼"金"大功告成！

 ——— 变成黄金

Chap.
2

17

炼金术的圣经
《翠玉录》

结合各种文化传说的赫耳墨斯·特里斯墨吉斯忒斯形象。

《翠玉录》传说雕刻在一块祖母绿石板，相传它被发现于公元前四世纪的金字塔密室，而作者正是炼金术界的祖师爷——赫耳墨斯·特里斯墨吉斯忒斯（Hermes Trismegistus）。

据说，赫耳墨斯·特里斯墨吉斯忒斯是古埃及和古希腊智慧之神的后代，也有人说他是古埃及的托特（Thoth）、古希腊的赫尔墨斯（Hermes）、古罗马的墨丘利（Mercurius）三位神祇的融合，总而言之——就是神一般的男人啊！

赫耳墨斯·特里斯墨吉斯忒斯写下了大量关于炼金术的书，也以口述的方式将学问传授给两大徒弟。传说，他的两大徒弟分别是古埃及祭司马内托（Manetho）和叙利亚哲学家杨布利柯（Iamblichus），不过这两个人的年代差了近一千年，可见这个传说根本不是真的。

不过，赫耳墨斯·特里斯墨吉斯忒斯影响后世最深远的著作还是《翠玉录》。其实，《翠玉录》只是一块刻着神秘文字的石板，上面暗示着他知道整个宇宙的三重智慧，也就是炼金、占星与神通术。所以，古埃及、阿拉伯、古希腊方面的炼金术士，都以《翠玉录》为哲学基础。直到十七世纪，连大名鼎鼎的牛顿都还在致力于解读其中的奥秘。可见，《翠玉录》对西方的炼金世界来说，简直就像圣经一样啊！

这是确凿无疑的真理，
上方之物正如下方之物，反之亦然。
又因万物源于一物，故一物可衍化为万物。
太阳是其父，月亮是其母，
风儿将它携于腹中，大地是它的看护。
万物之父，世界的先知在此。
若是它降临于世，即拥有完整无敌的力量。
伴随着崇敬与智慧，你应愉快地从烈火中分离泥土，
从粗鄙中分离精细。
它直冲云霄，然后再次落下，吸收天地之力。
然后你将会拥有世界的荣耀，
所有的障碍都远离你。
这是最强的力量，它将战胜一切精巧之物，
穿透一切坚硬之物。
世界即是如此创造而成，
按此所得是奇迹般的演化。而拥有三重智慧的分身的我
也因此得名赫耳墨斯·特里斯墨吉斯忒斯。
这就是我所说的，伟大的工作已经完成。

《翠玉录》的中文译文。

东西方都迷炼金术

听起来感觉很玄虚，是不是？但是，我们不能用现代的观点去理解过去的世界，因为古人还不知道大自然和物质运作的原理，遇到不可理解或无法扭转的自然现象时，很容易诉诸神祇、鬼怪、灵魂等看不见的超自然力量来解释。

在东方独立发展出来的炼金术，也和西方有共通的特点。中国古代的炼金术又称为"炼丹术"或"黄白术"（以黄喻金，以白喻银），炼丹术士认为黄金被火烧也不会消灭、被掩埋也不会腐朽，如果人能够吃下金丹，就一定能像黄金一样百病不侵、长生不老。在丹炉中也能发展许多炼丹大法，让其他普通的物质朝向十全十美的黄金"进化"。

可惜，这些都是异想天开的错误想法。在漫漫历史的长河中，不知道有多少人因为迷信长生不老，吃下金丹而死去，因为炼丹用的"丹砂"，化学成分其实是有毒的"硫化汞"。炼丹术士以为只要把丹砂加热，就会出现水银，而水银又可以"进化"为黄金，所以服下黄金或丹砂，就能长生不老、寿与天齐，但其实水银具有剧毒，服用丹药就等同于慢性自杀，不会延年益寿，只会提早死亡。

我是红色的哟！

丹砂又称为"朱砂"，外表呈棕红色，就像血的颜色，所以在古人眼中丹砂象征生命，具有灵气。而丹砂（主要化学成分硫化汞）加热后，出现的水银（汞）更是神奇。汞易蒸发，所谓"见火则飞"的升华现象，古人认为很像神仙的羽化飞升，又灵又神。

唐代著名诗人白居易（772—846）就曾在《思旧》一诗中描述许多人迷信炼丹的悲惨下场："退之（韩愈）服硫黄，一病讫不痊。微之（元稹）炼秋石，未老身溘然。杜子（杜牧）得丹诀，终日断腥膻。崔君（崔玄亮）夸药力，经冬不衣棉。

或疾或暴夭，悉不过中年。"

喷喷喷，好惨啊！这些人都是当时有名的知识分子，居然也都受到丹药迷惑而不幸致死，难怪白居易会如此感慨了！

最后的炼金术士——牛顿

1727年，英国大科学家牛顿（Isaac Newton）死后，朋友才发现他留下了数百万字的炼金术研究资料，原来牛顿晚年对炼金术十分沉迷。据他的仆人讲述，只要到春秋两季牛顿就会特别忙碌，这两季正是炼金术开始与丰收的季节，想当然他是在进行炼金术的实验。到了二十世纪后，用科学方法重新检视牛顿的死因，也发现他是死于慢性的汞中毒，让人更加确定牛顿曾经狂热地追求炼金术，但没得到什么成果。

艾萨克·牛顿
1643—1727
英国物理学家

其实，科学在早年是不分家的，研究物理的人往往也同时研究植物、动物、数学、医学或化学……大科学家牛顿的物理成就辉煌，但化学成就普通，他被称为"最后的炼金术士"。

当然，在炼金术漫长的发展过程中，有不少狂热的炼金分子确实很努力在钻研各种技术、寻找炼金的方法。但是，更多的人只是招摇撞骗的骗子，或是沦为帮助贵族发财聚富的工具。

十二世纪时，神圣罗马帝国皇帝亨利六世（Heinrich VI，1165—1197）就曾雇用三千多名炼金术士，将炼造出来的"黄金"（可能是铜的合金）铸成"金币"，运到法国换取利益。但是神圣罗马帝国并没有因此得到好处，为什么呢？因为法国皇室也干了一样的勾当，把炼出来的伪造金币送到神圣罗马帝国。两个国家互相诈骗，是不是非常可笑呢？

炼金术的魔法石与尼古拉斯·弗拉梅尔

尼古拉斯·弗拉梅尔
1330—1417
法国炼金术士

1317年，为了怕炼金术制造的黄金扰乱国家财政，教皇明令禁止炼金术的各项活动。但是，教皇的禁令只是让炼金术转为秘密进行而已，因为这门追求黄金的神秘学问，对世人具有极大的吸引力。而在当时，最有名的炼金术士是住在法国巴黎的尼古拉斯·弗拉梅尔（Nicolas Flamel）。

据说，大炼金术士弗拉梅尔在梦中拿到了天使给的《亚伯拉罕之书》，经过多年解读及研习，在1382年成功制造出"贤者之石"（Philosopher's stone），并因此得到巨额财富。

弗拉梅尔在他的遗嘱中写道："我逐字逐句地按照天使之书的指示，根据相同数量的水银来推演贤者之石……最后水银真的就蜕变成黄金了，它比普通的黄金更柔软、更具可塑性。"世人发现这份遗嘱后，虎视眈眈地想找到他所提到的"贤者之石"，因为在传说中，贤者之石具有点石成金的魔力，又能制造万能药；谁能得到它，就能享受无尽的荣华富贵以及千秋万世的美名。

但是人们撬开尼古拉斯夫妇的棺材时，却发现里面空无一物，别说贤者之石了，连尸体都没有！只见到墓室中充斥着许多怪异的符号和难懂的浮雕。究竟弗拉梅尔的巨额财富从何而来？他所说的"贤者之石"到底在哪里？从此，贤者之石就成为欧洲史上的大谜团和众人追逐的梦想目标。

十五世纪，神圣罗马帝国皇帝鲁道夫二世（Rudolf II，1552—1612）就曾在手头困窘时（你没看错，皇帝也会因为财政吃紧而想发财），找来一批炼金术士帮他寻找贤者之石。他花了一大堆银子，给予这帮术士充足的研究经费，还为他们建立了皇家炼金实验室。但是到了最后，不只贤者之石没有下落，满脑子发财梦的鲁道夫二世甚至因为经常接触有毒的重金属而慢性中毒、神志不清。

"贤者之石"的概念，是由八世纪的阿拉伯大炼金术士贾比尔（Geber，721—815）提出。它不一定是石头，也可能是其他固体、粉末或液体。图为贾比尔画像。

想象中的贤者之石。

炼金术是化学的基础

最终，长达两千多年的炼金实验失败了。但是，炼金术并不是毫无贡献，没有炼金术或许就没有今日的化学。炼金术士在烟雾缭绕的昏暗密室中，挥洒汗水、闻着毒气所进行的物质实验，其中还是有不少发现一直沿用到现代。

比如古埃及的炼金术士，早在三到四世纪时就提出了"催化剂"的概念；而王水①、硝酸、硫酸等化学物质，也都是十三世纪末的炼金术士所发现的。他们间接了解了酸的性质和其他片段的化学知识，但是，他们只知道如何调配，却没有扎实的理论基础，也无法理解其中的道理。

炼金术真落后，难怪不成功……

不要笑，没有炼金术，就没有今日的化学呢！

"点石成金、长生不老"，这些虚幻的梦想，在经过长达两千年的跌跌撞撞，夺走无数人的生命后，终于让世人慢慢觉醒起来。但是，要让整个时代与整个世界的人，抛弃一套旧有的想法并不容易。根深蒂固的炼金术，究竟是如何被扳倒的呢？过去被视为炼金术分支的"化学"，又是如何凸显出科学的价值，走上新时代舞台的呢？为什么后来许多炼金术士，抛弃了炼金术的神秘思想，成为实事求是的科学家呢？

这一切开始于一个名叫波义耳（Robert Boyle）的化学家——一个富二代、单身、口吃，还体弱多病的英国人，以及他的划时代的作品《怀疑的化学家》（*The Sceptical Chymist*）。

①王水：浓硝酸和浓盐酸按体积比3:1混合而成，腐蚀性极强，能溶解金、铂等一般酸类不能溶解的金属。

快问快答

1 明明世界上的金属有百余种，为什么古人特别喜欢黄金，拼了老命都想要炼出黄金呢？

当人类还没有发展出冶炼技术时，能从大自然里"捡"到的金属大约只有**金**和**银**，因为这两种金属不活泼，不容易和其他元素化合，所以会以纯粹的**"自然金""自然银"**的样貌出现。之后虽然有冶炼技术，但是能提炼出来的金属也不算多，只有铁、铜、铅、汞、锡、锌等。但是，银会氧化变黑、铁会生锈、铜容易被腐蚀变绿、铅总是被氧化而变得灰灰黑黑……只有黄金，非常稳定，总是闪着黄澄澄的光芒，易于保存又适合收藏，所以受到古人偏爱应该一点儿也不奇怪吧！

黄金，还是你最美了……

2 古老的炼金术失败了，但现代化学已经发达一千倍了，难道还是不能炼出黄金吗？

可以。但不是"炼"的，而是……"撞击"出来的。简单地说，你可以用微小的"中子"去撞击"汞原子"（一个汞原子比一个金原子多一个"质子"）。当一个汞原子吸收一个中子，会引起原子核的结构变化，而失去一个"质子"以后，汞就会变成金了。1941年，美国哈佛大学有三位科学家，就是用类似的方法把汞转化成了金。（什么是中子、质子及中子撞击？请见下册第19、20课的内容。）

当然，也有其他科学家设计出不同的方法。但基本上是利用核融合或核分裂等核子反应的方法，需要有粒子加速器或是核子反应器才能进行，一般人是不会拥有这样的技术和工具的。

3 哇！那这些"撞金"成功的科学家，岂不是都变成大富翁啦？有人跟着做吗？

没想到"撞金"发财亏更多！

这些科学家把造金的知识和方法都写成论文公诸社会了，但没有人想跟着做。因为适合使用的汞（汞-196，是七种汞同位素里的一种），在自然界中只占0.15%，非常珍贵稀有，而且每千克的汞-196只能得到0.73克的黄金，整个实验花的钱比买黄金贵多了！

1997年，日本北海道大学也曾有一位科学家提出构想，利用高能量的γ射线撞击汞，预计七十天就能让1.34吨的汞转变成74千克的黄金和180千克的铂。可是，仅仅发射γ射线所需的"电费"就远远高出了市场上黄金的流通价，你用"膝盖"算一算，这是一桩会发财的好生意吗？

LIS影音频道 ▶

扫码回复"化学第2课"获取视频链接

【自然系列——化学／物质探索02】炼金术的故事——10秒教你铜牌变"金牌"

点石成金、长生不老，是人们自古以来便不断追求的。传说中，只要学会"炼金术"，这些梦想都可能成真。"炼金术"究竟是一门什么样的法术，竟然能流传千年，并且让世世代代的人们都为它疯狂呢？一起点开影片，来一探炼金术之谜吧！

/第 3 课/

化学之父

波义耳

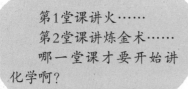

波义耳常被尊为"化学之父",可见他在化学世界里的江湖地位有多么高。因为是他主张让化学脱离炼金术,独立成为一门科学。他也强调——**实验的结果胜于雄辩,没做实验的空谈根本不是科学。**

但是,若以为是他"一个人"扳倒了炼金术、一手催生出现代化学的话,也未免有些言过其实。事实上,波义耳生活的时代,本身就是一个叛逆心大爆发的时代,不只是他,许多知识分子都想挣脱"神"与"教义"的束缚,重回以"人"与"事实"为出发点的理性时代。

为什么大家都说波义耳是化学的"爸爸"呢?

因为从他开始,化学才真正变成了"科学"哟!

上帝

波波,你不喜欢我了?

波义耳

没啦,我只是忙着做实验……

黑暗时代:"神主宰了一切"的价值观

在谈叛逆的时代之前,让我们先说说"被叛逆"的对象。从五世纪西罗马帝国灭亡,到十五世纪文艺复兴运动之间的欧洲历史,是所谓的"中世纪"时期。中世纪又常被称为"黑暗时代",光听名字,就流露着一股文化后退、知识混沌、看不到希望与光明的负面气息。

因为，中世纪的社会，教皇和天主教会占据着最高地位，人们只能用圣经上的教义解释一切，如果有人提出异议或创立新的学说，必须经过教会同意，不然就会遭受压制或严厉的惩罚。所以在那段时间，艺术，画的是神的事迹；文学，写的是神的话语；哲学，讨论的是神的世界。

那么，科学呢？啊！上帝就能解释一切了啊，所以科学……哪有存在的必要。

在那将近九百年间，社会主流追求的是崇高的信仰与死后如何到达天国，而不是研究现实世界或是做实验这种"俗气"的活动。人们普遍相信疾病是上帝对人的惩罚，所以当十四世纪人类史上最严重的瘟疫——"黑死病"暴发时，人们治病的方法就是努力祷告、祈求上帝洗清自己的罪恶，而不是用药治疗或找出生病的原因。整个社会迷信、愚昧，又充满着担心受到上帝惩罚的恐惧，还经常爆发战争与暴发传染病，所以时代少有进步，宛如没有光明的黑夜。

黑夜很漫长，但不会永远持续下去，到了最黑暗、最深沉的时候，自然会有人竭尽所能寻找光明。

文艺复兴时期：将目光由"神"拉回"人"

"文艺复兴"就是把过往荣光重新找回的一股风潮。十四世纪末，这股风潮从意大利的佛罗伦萨席卷欧洲各地，鼓吹人们应该重新学习古希腊、古罗马时代的哲学、文化与理性思考，把眼光从仰望"神"，重新拉回到"人"的身上。

这场运动不但使文学和艺术大放光彩，也让科学家们重新思考并尝试挣脱神学的禁锢。

天文学家哥白尼（Nicolaus Copernicus，1473—1543）提出**"太阳才是宇宙中心"**的**"日心说"**（Heliocentrism），挑战教会认为**"地球是宇宙中心"**的**"地心说"**（Geocentrism）。解剖学家维萨里（Andreas Vesalius，1514—1564）解剖人体，打破疾病是上帝降祸的迷信。伽利略（Galileo Galilei，1564—1642）研究自由落体、牛顿提出三大运动定律……这一系列的崭新学说，使教会的社会地位受到史无前例的挑战。

　　为了维护教会的权威，只要提出的学说与神学冲突的人，都会被视为"异端"，受到由修道士组成的"宗教裁判所"的审判。如果这些"异端"还执迷不悟，不肯承认自己是错的，最后的下场很可能就是被绑上火柱，活活烧死。例如支持哥白尼"日心说"的科学家布鲁诺（Giordano Bruno，1548—1600）和伽利略，就分别被宗教裁判所处以火刑和终身监禁。哥白尼的著作也被视为异端邪说而被查禁。

　　"化学之父"波义耳，就是生在这个想要改变，却又面临阵痛的新时代。

　　这是西班牙知名画家哥雅（Francisco Goya，1746—1828）的名画《宗教裁判所》。宗教裁判所又被称为"异端裁判所"，负责调查、审判"异端"们犯下的罪行，并处以没收财产、鞭打、监禁甚至活活烧死的惩罚。

怀疑的化学家

我也是自学出身的哟！

罗伯特·波义耳
1627—1691
爱尔兰自然哲学家

"这个校……校……校长他……，呜呜……我……我……不行……"有点儿口吃的波义耳向老爸哭诉道。

八岁就学会拉丁语与希腊语的波义耳，原本是公认的天才儿童，但他进入英国名校伊顿公学（Eton College）就读后，却不如预期般顺利。特别是十一岁那年来了新校长后，他就经常受到误解和体罚，所以父亲干脆让他离开学校，聘请家庭教师陪着他在欧洲四处游学。

不过，脱离学校的传统教育，对波义耳来说反而是好事，他因此有机会吸收当时最新、最前卫的科学理论。像是认为 **"地球会绕太阳转"** 的哥白尼的 **"日心说"**，以及阐释 **"万物其实是一部大机器"** 的笛卡儿（René Descartes，1596—1650）的 **"机械论"**（Mechanism）。这些理论都是当时被视为 **"异端"**，学校绝不会教的新知。而这些突破性的科学思维，都启发了波义耳的想法，是他将来能推动化学发展的基础。

另一方面，自从"贤者之石"的传说流传到欧洲以后，炼金术就在欧洲盛行，看起来好像遍地"黄金"，其实此黄金非彼黄金……不过呢，反正没差别，因为所有炼出黄金的传闻都是假的，只有引起教廷的不悦才是真的。

　　虽然早在1317年，教皇已下令禁止所有炼金术的相关活动，但是，黄金啊！你想，它对人的吸引有多大呀！所以许许多多的炼金活动只是转入地下，偷偷进行。

　　不过当时的炼金术不只炼金，还分为"冶金""制药""矿物"三个方向，而"化学"则是"制药"中的一小部分。据说，波义耳是因为自己体弱多病，才投入制药与化学的研究，希望改善自己的健康状况。

　　他每天待在自己家里自费修建的实验室里，谁来教他呢？于是波义耳只好先把其他炼金术士的书，奉为教科书来自修一番。但后来，波义耳越看越不对，受过新思想影响的他，最终写了一本《怀疑的化学家》来反驳传统炼金术，而这本书也成为波义耳推动化学发展的一本旷世巨作。

　　1661年出版的《怀疑的化学家》，是以对话形式写成。书里安排了几个朋友讨论元素与化学的问题。这几个角色分别代表着当时并存的不同观点：怀疑派、四元素派、三元素派与中立派。

听说实验时常用的石蕊试纸，就是波义耳发明的哟！

到底在怀疑些什么？

你信不信单凭一本书，就有改变世界的力量？你想知道《怀疑的化学家》到底在怀疑些什么吗？

没问题。具备这种质疑与挑战的精神，正是研究科学的最佳动力。《怀疑的化学家》对化学的最大贡献，就是确立了元素的定义和基本概念。或许你会想："'元素'的观念老早就有人谈了，又不是波义耳的新发明，有什么了不起？"

没错，当时最盛行的元素理论就是亚里士多德（Aristotle）的"四元素说"和炼金术士霍恩海姆（Philippus von Hohenheim）的"三元素说"。可是，他们所说的"元素"并不一样，既没有清楚的定义，也没有经过实验证明。如果未来化学想要成为一门"科学"，一定要先统一"元素"的定义，大家才能进行交流和讨论。

而波义耳想做的，就是让化学成为一门真正独立的科学。

所以，他一开始就在《怀疑的化学家》中，安排五个角色，一起讨论化学元素的定义。其中一位是"逍遥派"的化学家，支持的是亚里士多德的"四元素说"。

为什么支持"四元素说"的化学家叫作"逍遥派"呢？

因为他们总是一边散步一边讨论哲学，很逍遥吧！

亚里士多德
公元前384—前322
古希腊哲学家

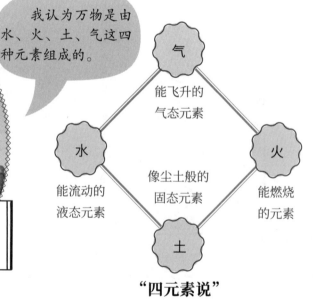

我认为万物是由水、火、土、气这四种元素组成的。

气
能飞升的气态元素

水
能流动的液态元素

像尘土般的固态元素

火
能燃烧的元素

土

"四元素说"

另一位是炼金派的化学家，坚持捍卫炼金术士霍恩海姆的"三元素说"。

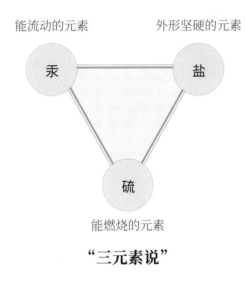

能流动的元素　　　　外形坚硬的元素

汞　　　盐

硫

能燃烧的元素

"三元素说"

我认为万物是由汞、硫、盐这三种元素组成的。

霍恩海姆

1493—1541

十六世纪炼金术士

还有一位，则是怀疑派的化学家，代表的是波义耳本人的观点。

怀疑派的化学家

科学不能光说不练，快去做实验！化学也应该是独立的科学，逍遥派、炼金术通通out（淘汰）！

找出两种学说的疑点

波义耳利用怀疑派化学家这个角色，说出了他心里想说的话。他认为，**元素应该是"某些最简单的物质""不能由任何成分混合而成"。**换句话说，**元素就是构成物质最基本的"原料"，物质由元素组成，物质分解后也会变回这些元素。**

他还认为，"四元素说"的水、火、土、气和"三元素说"的汞、硫、盐，只是"物质的特性"，根本不是物质，更不用说是"元素"了！

像水加热会变成雾（水蒸气），但变冷后又凝结为水，所以说，"四元素说"中的"气"，其实就是"水"！不管"气"或"水"都只是物质的特性，根本不算元素！

波义耳

如果没有严谨的实验加以验证，而单单只是用"看的"、用"想的"，就把观察到的物质特性当成元素，实在是大错特错，也不是身为科学家应有的态度。

但世界上到底有多少种元素呢？当时的波义耳并没有提供答案，反正，不会只有区区的三种或四种而已。一切都要等待后起的科学家们，用理性的科学态度，在务实的科学实验中，把它们一个一个都找出来。

1 "元素"这个名词偶尔在其他书上也会看到，它一定都指化学元素吗？

当然不一定。**元素**这个词，本来是**"本质、要素"**的意思，不管在文学、艺术或其他领域的文章里都能用到。只有在化学领域中，才是化学元素的简称。而在数学领域中，**元素**是指**"构成集合"**里的任何一个对象。

2 波义耳认为古代哲学家所说的"元素"，不是真正的元素。但是他自己提出的元素定义到现在还是对的吗？

很难说对或不对。现在，我们学到的**化学元素**是指同一类原子的总称，而这种原子的原子核里具有的质子数目也是固定的。

但是在波义耳生活的时代，人们还不知道存在着各种不同的原子，更不知道原子里有质子、中子、电子等基本粒子。波义耳以为，不同的物质都是由同一种"粒子"所构成的，只是当粒子以不同数量和排列方式集合在一起时，就会形成不同的元素。

换句话说，波义耳心目中的"元素"和现代还是不同。但有别于古典元素的现代元素概念，还是由他奠定下来的。后来人们对物质有了更深入的了解以后，就以波义耳所说的元素理论为基础，做出更精确的定义。

3 为什么炼金术士对元素这么感兴趣呀？他们不是一心只想赚大钱、发大财吗？

不哭、不哭！

还是你懂我！谢谢你帮我说话……

波义耳

就是因为太想发财啦！为了炼出梦寐以求的黄金，许多炼金术士一心只想找出可以组成黄金的元素，他们以为知道黄金的元素配方以后，就可以随心所欲地做出黄金！但事实上，黄金本身就是一种元素啊，哪儿来的元素配方啊！

不过，我们也别一竿子打翻一船人。在古代的炼金术士里，也不乏追求真理的有志之士，像牛顿、波义耳，都曾从事过炼金的实验，也可以被称为"炼金术士"。但是，他们是把炼金术当成真理与知识在追求，一心想知道炼金的真相是什么，而不是把它当成发财的工具。

LIS影音频道

扫码回复
"化学第3课"
获取视频链接

【自然系列——化学／物质探索03】元素的定义——"化学之父"波义耳（上）

在众人皆醉心于炼金术的时代里，只有他看穿了其中的破绽，粉碎了人们一直以来的美梦。这个在炼金术界掀起滔天巨浪的神秘人物究竟是谁呢？

【自然系列——化学／物质探索03】元素的定义——"化学之父"波义耳（下）

十七世纪的欧洲，波义耳在炼金术界掀起一阵波澜。经过多年的苦心钻研，他终于找到了一举击退炼金术的关键……

/ 第 4 课 /

是什么在燃烧？

施塔尔

你以为咱们的"化学之父"波义耳，写完《怀疑的化学家》，还提出"化学要做独立科学，不做炼金术的仆人"的观点，整个世界就会因此耳目一新，迈向光明的科学时代吗？如果有这么简单，那世界就会是另一番样子了。

世界的转变一向没有这么容易，许多人会抱着旧有的想法不放，质疑并攻击新的观点。换句话说，不喜欢剧烈改变是大多数人的天性，新的观念要慢慢地、慢慢地向内渗透，经过十年、数十年，甚至上百年，才能改变大多数人的想法。尤其在十七、十八世纪那个没有电话、没有电报、没有电视，更没有网络的时代，新思想的传播，非常……非常……缓慢。

所以，1661年出版的《怀疑的化学家》，在其后的一百年里都没有受到重视，也不足为奇。就算厘清了"元素的本质"，对后世的化学发展非常重要，但是当时大多数人并不关心。反倒是"什么是火？""物质为什么燃烧？""物质燃烧了以后又会变成什么？"，才是那个年代名副其实的"火"热话题。

既然"燃素说"是错的，为什么还要教我们呢？

让你们知道大科学家也会犯错啊！

赫拉克利特
公元前540—前480
古希腊哲学家

依我看，整个世界就是一团永恒的活火！

超级"火"热的话题

让我们就从被波义耳磕得满头包的"三元素说"和"四元素说"开始谈起吧。

回到科学刚萌芽，也就是波义耳身处的十七世纪，讲到"火"，最有名的理论就是"四元素说"里的"火元素"和"三元素说"里的"硫元素"，两者都具有"可以使物质被燃烧"的特质，所以当时的人认为：如果物质不含火元素或硫元素，就不可能被燃烧。

不过，要让东西燃烧，真的只有这么简单吗？

古文明	古典哲学	构成世界的元素
中国	五行说	金、木、水、火、土
古希腊	四元素说	水、土、火、气
	五元素说	水、土、火、气、以太①
古印度	四大说	地、水、火、风

火在人类心中有着不可撼动的地位。世界古文明的古典哲学，都把火看成构成万物的元素之一，而且火不仅能烧东西、煮东西，甚至可以制造出稀有物质，所以火也有"擅长改变别人"的神秘特质。

燃烧现象的观察与解释

在讨论怎么解释燃烧之前，我们先来看看燃烧时会发生什么事吧！我们看到的燃烧现象一般就是"东西冒'火'，燃烧时冒'烟'，烧完之后剩'灰烬'"，想象一下，如果你是对燃烧一无所知的古人，看到这样的现象会怎么解释呢？其实早在炼金术盛行的时代，炼金术士就有属于自己的讲法，他们是这么解释的：

---

①以太：存在于上层大气或天体空间中的一种物质。

> 东西在燃烧时，物质体内的"硫"元素开始被消耗，等硫元素被消耗完之后，就会只剩下不含硫的灰烬。

炼金术士

这种说法乍听之下好像合理，但仔细想想，却又太过简单，而且会萌生更多的疑问——硫元素在哪里？不能燃烧的东西也含硫吗？硫是怎么被消耗的？除了硫，燃烧不需要任何其他东西吗？

到了十七世纪，怀疑派的化学家波义耳，做了一系列的燃烧实验（没错，波义耳也不例外，对燃烧现象的研究非常着迷），其中一项就是将木柴与硫黄放入器皿中，接着抽出器皿中的空气，然后加热。

结果他发现，在没有空气的情况下，被认为有"火元素"或"硫元素"的木柴与硫黄，根本就不会燃烧。换句话说，能不能燃烧跟硫元素或是火元素不见得有关系，反而是跟"空气"有关。

> 哈哈，波义耳说我才是影响燃烧的关键。

同一个时期，在德国也有一位集医生、经济学家与炼金术士等伟大头衔于一身的人——约翰·约阿希姆·贝歇尔（Johann Joachim Becher），也在研究燃烧

现象。贝歇尔是从"物质分解"的角度解释燃烧，他认为任何物质经火一烧，都会被分解成比较简单的物质，但被烧成灰烬之后，就不能再被分解。所以，根据这样的观察，贝歇尔提出了自己的燃烧理论：

约翰·约阿希姆·贝歇尔
1635—1682
德国经济学家、医生、炼金术士

我认为物质是由三种"土"所构成的，分别是：

使物质坚硬的"石土"

使物质燃烧的"油土"

使物体流动的"汞土"

霍恩海姆

咦？这不是跟我的炼金术"三元素说"很像吗？

一百年很长吗？

当然啰！近代化学到现在也不过四百年左右！

没错，贝歇尔的燃烧理论，几乎就是"三元素说"的翻版，像"汞土"是"三元素说"的"汞"，"油土"是"三元素说"的"硫"，而"石土"则是"三元素说"的"盐"。虽然看起来有点儿重复，但贝歇尔的"油土"理论，接下来将被他的学生施塔尔（Georg Ernst Stahl）改成"燃素"，形成称霸科学界将近一百年的"燃素说"。

提出"燃素说"的施塔尔

格奥尔格·恩斯特·施塔尔
1659—1734
德国医生、化学家

十七世纪，正是炼金术与现代科学争论不休的年代。在当时，只要谁能正确解释"燃烧现象"，谁就能登上科学盟主的宝座。而在提出燃烧理论的众人中，以施塔尔的"燃素说"最为有名。

施塔尔是当时公认的一流化学家，他还是宫廷御用的医生、大学教授，写过许多与医学和化学相关的书籍。当然，最重要的是，他结合他老师贝歇尔的"油土"理论和其他科学家的实验结果，发展出了十八世纪初最具影响力的重量级学说——"燃素说"。

贝歇尔的油土理论认为：能燃烧的东西都含有"油土"。燃烧时，油土会不断地被烧掉，一旦油土被烧光，东西就会停止燃烧。

Chap.
4

这个理论提出后，受到许多化学家的质疑，因为如果燃烧时油土被烧掉，东西应该会变轻，但是许多金属燃烧后，重量却反而变重了。另一方面，这时候已有许多科学家都注意到，燃烧时必须要有空气，如果没有空气，金属就算具有"油土"也不会燃烧。

于是，身为贝歇尔的大弟子，施塔尔把"油土"改为"燃素"，并且试着去解释以上不合理的现象。

施塔尔的理论

燃素
空气
火
金属

1 金属燃烧时，里面的燃素会从金属中跑出。

火
空气

2 燃素离开后，空气会补进燃素原来的位置。

金属的灰烬
空气

3 因为空气比燃素重，所以金属燃烧后就变重了。

"燃素说"释疑 1： 燃烧为何需要空气？

A：含有燃素的物质不会"自动"释放燃素，必须借由空气才能把物质中的燃素吸出来，这就是为什么燃烧时，一定要有空气存在。

"燃素说"释疑 2：为什么金属燃烧后会变重？

A：因为燃素是一种很轻的物质，重量比空气还轻，所以当金属燃烧，释放燃素后，留下的空位会被空气填满，重量自然就变得比燃烧前重了。

哇！施塔尔的说法，不仅解释了燃烧时我们看到的现象，还将前人发现燃烧时的必要条件——"空气"都给一并解释了。如果是你，看到可以解释这么多现象的理论，能不心动吗？

不仅如此，身为医生的施塔尔，还拿"燃素说"来解释动植物及人体的现象，对大众更有说服力。他认为，燃素充满了我们的世界，植物会从空气中吸收燃素，而动物吃下植物时，又从植物中得到燃素，当动物呼吸时，会释放身上的燃素，并在释放过程中产生"热"，这也就是人类或其他动物为什么会有体温的原因。

有闻到燃素吗？

由于施塔尔的"燃素说"，不仅解释了燃烧，还解释了许多原本看似不相关领域的问题，所以一推出就受到许多科学家的欢迎，快速成为主流世界公认的真理。不过，事业得意的施塔尔，婚姻却不顺利，两任妻子都因难产而死，使得他的性格变得十分孤僻，施塔尔在后半生被人称为"厌恶人类者"。

我只闻到了口臭！

"燃素"究竟是什么东西？

在科学的领域里，任何学说都要经得起检验。虽然"燃素说"一诞生就广受欢迎，但还是有不少人质疑，其中最简单而直接的怀疑就是："燃素到底在哪里"以及"燃素到底是什么东西"。

关于这一点，施塔尔是这样描述的：

"燃素是看不见也摸不着的物质，还带有很小的质量。"

燃素

所以我可以称它为"燃素阿飘"吗？

换句话说，施塔尔认为燃素是一种"气态"的物质，存在于一切可燃物中。例如，油脂、煤炭和木材含有很多燃素，所以容易燃烧；黄金、石头不含燃素，就无法燃烧。燃烧时，燃素会从可燃物里飞出来，并与空气结合发出光与热，这就是"火"。所以燃素是"火的要素"，但不是"火的本身"。

燃素"被找到"了吗？

好吧，如果是这样，燃素应该是可以收集的，眼见为实，只有让大家亲眼见到才能真的相信吧！所以，为了证明"燃素说"的正确性，支持"燃素说"的科学家们开始疯狂地寻找燃素，忙了快半个世纪，都没有人真正找到足以让人信服的燃素。一直到1766年，英国科学家卡文迪许（Henry Cavendish）做了一个实验，燃素派的科学家们才又重新燃起希望。

卡文迪许发现，把锌、铁和锡丢入稀硫酸时会产生大量的气泡，这些气泡收集起来是一种无色无味的气体，只要遇到火就会开始燃烧，甚至还会爆炸。这项发现让寻找燃素的科学家们都乐坏了！因为根据"燃素说"的假设——金属燃烧，失去燃素后会变成灰烬，灰烬如果重新跟燃素结合，又可以变回金属。

换句话说，"燃素说"认为：**金属＝"灰烬"＋"燃素"**；而在卡文迪许的实验里，金属确实会变成灰烬加某种气体，刚好可以验证。

亨利·卡文迪许
1731—1810
英国物理学家、化学家

我找到的这个气体应该就是"燃素"吧！

他找到的其实是"氢气"啦！

是真的吗？

好啦，最后当然没有找到燃素啦！但因为"燃素说"能够解释很多现象，所以在整个十八世纪都很流行。包括卡文迪许在内的许多化学家，都是"燃素说"的信奉者。但是，流行不一定就是真理，广受支持和接纳，也只能代表当时大家都还不知道什么才是真的！

后来，在人们做了越来越多的实验，累积了越来越多的知识以后，"燃素说"就变得更加矛盾。到了1774年，"氧气"正式被发现后，燃烧的现象终于慢慢真相大白，流行了近百年的"燃素说"，也走下了历史舞台。

快问快答

1 古人观察到燃烧时会冒出"烟"，就误以为烟是燃素。我们现在已经知道烟不是燃素了，那烟是什么呢？

　　物质在燃烧时，它的成分会被分解、转化，燃烧后的产物形成了细小微粒、液滴或气体，飘散到空中，就是我们看到的"烟"。像木材燃烧时的烟，里面可能含有二氧化碳、一氧化碳、碳的灰烬和小水滴；而香烟燃烧时，会释放出尼古丁、焦油、一氧化碳和多种刺激性气体，所以许多人闻到二手烟会咳嗽，就是因为呼吸道受到了刺激。

2 古代的哲学家说"火"是构成世界的元素。但波义耳说，火不是元素，那它到底是什么东西呢？

　　火不是一种"物质"，所以当然不是"元素"。严格来讲，**火是一种能量释放的形式**——当物质燃烧时，如果有可燃物、助燃物和够高的温度同时存在，就会产生火，并以光和热的形式释放能量。

LIS影音频道 ▶

扫码回复
"化学第4课"
获取视频链接

【自然系列——化学／燃烧01】燃烧与"燃素说"——燃烧东西军（上）

十七世纪学术界神人——贝歇尔，提出了新理论，认为物质之所以能燃烧是因为含有名为"油土"的元素，但这个理论在当时却不为众人所接受……

【自然系列——化学／燃烧01】燃烧与"燃素说"——燃烧东西军（下）

贝歇尔的头号大弟子施塔尔，进一步用"燃素"来说明燃烧现象，使得本来无人问津的理论，一夜之间声名鹊起……

/第 5 课/

氧气大发现

普利斯特里

虽然现在大家都知道人体无时无刻不在吸入氧气。不过，"氧气"这种气体，其实很晚才被发现，直至十八世纪，人们才确认氧气的存在。

我们呼吸的空气，主要是由氧气、氮气、二氧化碳等多种气体组成的，但在十七世纪之前，多数人以为"空气就是空气""空气是一种'元素'"，而且"空气不会参与化学反应"。

就算炼金术士或化学家们偶尔发现空气"怪怪"的，出现多种不同的特性，也以为是空气掺进的杂质在作怪，从未有人怀疑过空气的组成。

一直到十八世纪，事情才开始有了转机。

记得吗？"四元素说"中的水、火、土、气四大元素，其中"气"指的就是空气哟！

救命，我不想复习！

排水集气法促使发现氧气

十八世纪以前，化学家没有足够好的装置来收集气体，导致气体常和其他物质混在一起，一点儿也不纯，当然也没办法拿来研究特性。但是到了十八世纪，英国一位爱好植物的牧师，名叫史蒂芬·黑尔斯（Stephen Hales），他发明了"排水集气法"，后来又被改良成"排汞集气法"，终于让那些喜欢研究燃烧现象的大师们，可以把被加热的东西与产生出来的空气隔开，从而得到很纯的气体来进行研究。

史蒂芬·黑尔斯
1677—1761
英国牧师

"排水集气法"对当时的化学研究是大功一件。但是很可惜，黑尔斯也被旧有的理论限制住了，认为凡是用这种装置收集到的气体"都是空气"，失去了发现新气体的大好机会。

Chap. 5

图为黑尔斯发明的排水集气法示意图。右边炉中燃烧的气体，会顺着管子，进入左边装满水的瓶子中，然后变成气泡上浮，集中在瓶子的上端。这种装置可以用来收集化学反应过程中产生的气体。

收集到的气体

气泡

水

物质燃烧产生气体

气体进入管中

卡尔·威廉·舍勒
1742—1786
瑞典化学家

是什么气体这么衰，被叫作"劣质气"呢？

"劣质气"指的是氮气。因为氮气不活泼，既不能燃烧，又很难与其他物质发生反应，所以才被称为"vitiated air"，有"劣质"或"无效"的意思。

在人类历史上，每一次有新技术的重大突破，就会带出一长串各式各样的新发现。而氧气的发现，正是受益于排水集气法的出现。

不过，翻开许多书籍，提到氧气的发现者，大多说的是英国的化学家约瑟夫·普利斯特里（Joseph Priestly）。但事实真是如此吗？实际上，有人早普利斯特里一步发现了氧气，只是运气不好，最大的光环便落到普利斯特里的头上去了。那位倒霉的化学家就是瑞典的药剂师卡尔·威廉·舍勒（Carl Wilhelm Scheele）。

1771年，舍勒加热软锰矿、硝酸钾或氧化汞的时候，得到一种气体。这种气体会帮助燃烧，所以他称它为"火气"。他还发现，"火气"和"劣质气"都是组成空气的一部分，而且火气约占空气体积的五分之一。

他把这个发现写入《论空气与火的化学》一书中，可惜出版社却到1777年才出版，害得他的发表时间晚于普利斯特里发现氧气的1774年。

橡皮擦、汽水与"失燃素空气"

约瑟夫·普利斯特里
1733—1804
英国牧师、化学家、教育家

"我发现一种很适合抹去黑色铅笔痕迹的材料。"

1770年，博学多闻的普利斯特里博士如此写道。这种材料就是来自南美洲橡胶树的树液——橡胶。后来，有人把橡胶切成小方块在市场上贩卖，大受欢迎，这就是直到现在我们都还在使用的"橡皮擦"。

除了橡皮擦以外，我们现在常喝的"汽水"，也是普利斯特里发明的。当他在英国约克郡当牧师的时候，教会隔壁刚好是一间酿酒厂，他经常用啤酒发酵所产生的气体（就是二氧化碳）来做实验，后来竟然发现这种气体能溶于水，喝起来还有着清新的口感，这也就是今日汽水的由来。

不过，普利斯特里最重要的发现，既不是橡皮擦也不是汽水，而是与地球上所有生命都息息相关的气体——氧气。

1774年8月1日，普利斯特里正好拿着一个大凸透镜，把日光聚焦在试管上，想加热封在试管里的各种物质，看看它们受热时会不会产生气体。

结果，轮到加热汞灰（也就是氧化汞）时，真的冒出了一股气体。他一开始以为，这不过是普通的空气。但他后来注意到许多不同：

"蜡烛在这种空气中燃烧，火焰十分耀眼，红热的木炭更是火花四射。"

他决定把小老鼠放进这种空气里试试看。结果没想到，小老鼠在这种空气中存活的时间，竟然是同体积空气中的两倍！最后他更是拿自己来做实验，发现闻这种气体还能让人身心舒畅！

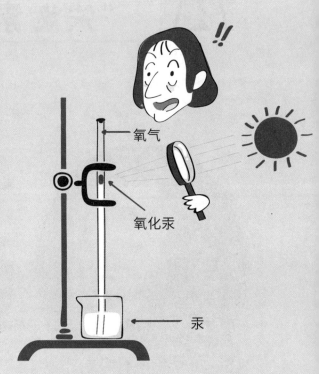

氧气

氧化汞

汞

哇，真舒服！

你一定以为接下来的剧情就是——普利斯特里将这种气体定名为"氧气"，然后他被写入发现氧气的历史中。但是，氧气的发现并不像我们所想的那样一步到位。这是因为，普利斯特里和当时的许多化学家一样，都是从小学"燃素说"长大的（别忘了，"燃素说"从十七到十八世纪，独占鳌头将近一百年），所以，他很自然而然地就拿出"燃素说"来推论自己新发现的这种空气。

"燃素说" 假说

- 可以燃烧的东西里都含有燃素。

- 物质燃烧时，会把燃素释放到空气中。

- 吸饱了燃素的空气，就不容易再吸收新的燃素。

- 吸饱燃素的空气不容易帮助燃烧。缺乏燃素的空气，反而能大量吸收燃素，所以能帮助物质燃烧。

　　基于"燃素说"的假设，普利斯特里认为，既然这种气体能让燃烧变得旺盛，那么它一定也是"缺乏燃素"的空气吧。于是，他就按这个想法给这种气体取名为**"失燃素空气"**，而这也就是氧气刚问世时的名字。

啊？原来"氧气"不是一开始就叫作氧气啊！

这算哪门子发现"氧气"嘛！

从"失燃素空气"到发现氧气

虽然"失燃素空气"现在听起来有点儿莫名其妙，但至少，普利斯特里的确是制得了纯净的氧气，并且是对它进行研究的第一人！其实舍勒也跟普利斯特里一样，脱离不了燃素的旧思维，总想用燃素的理论来合理化自己发现的"火气"，所以一直没有想到眼前发现的这种新气体，会是能颠覆过往解释燃烧现象理论的重大发现。

这就如同德国的哲学家恩格斯（Friedrich Engels，1820—1895）所说的："从错误的前提出发……循着错误的路径前进……结果当真理碰到鼻尖的时候，往往还是没有得到真理。"

还好，我们有与真理擦身而过的舍勒和普利斯特里，但也有一眼就能洞穿真理的拉瓦锡（Antoine-Laurent de Lavoisier）。发现氧气这件事到了法国大化学家拉瓦锡手上，就成了一件推翻百年"燃素说"的轰轰烈烈的大事。感谢真理！感谢拉瓦锡！

舍勒和普利斯特里好可怜。

这个故事告诉我们："做人做事不能受限于既定价值或刻板印象呀！"

扳倒"燃素说"的化学革命

安托万·洛朗·德·拉瓦锡
1743—1794
法国化学家

　　在欧洲科学萌芽的时代，英国出现了许多杰出的科学家，像牛顿、波义耳等人。但在隔着英吉利海峡的法国，却没有太多进展，直至拉瓦锡出现，才让沉寂已久的法兰西民族，有了可以炫耀的人物。

　　1768年，当二十五岁的拉瓦锡进入法国科学院时，就已经是个思路清晰、讲究精准，而且勇于挑战保守老观念的年轻人。也正是因为他这种不愿轻易向旧思维妥协的特质，之后的二十五年，拉瓦锡在整个科学界引发一波又一波巨大震荡。其中一个令人惊艳的成就，就是用**"氧化理论"**推翻了**"燃素说"**。

Chap.
5

1772年，拉瓦锡进行了一连串的燃烧实验（别忘了，燃烧是那个年代最盛行的火热话题）。结果他发现，燃烧后的"磷"重量增加了，而且，增加的重量和空气减少的重量竟然一样！所以，他认为，这是因为"空气与磷结合"造成的。之后，他再接再厉，测量这些空气的体积变化，又发现怎么燃烧都只会减少五分之一的体积，所以他确定了：

"空气可能由多种气体组成，而其中一种，就是会参与物质燃烧的气体。"

1774年，拉瓦锡又燃烧了锡和铅。他把一小片锡或铅密封在容器里加热，这时整体的重量并没有改变。但是，等到他打开容器盖子，外面的空气快速被吸进去以后，整体的重量就变重了，而且，**增加的重量竟然刚好就是锡或铅变成灰后所增加的重量。**

后来，他果然发现金属燃烧以后所形成的灰，就是金属与空气的化合物。换句话说，金属燃烧并不是放出燃素，而是与空气结合后，产生了新的化合物。而为了证明金属究竟是与空气中的哪一种气体结合，最好的方法，就是把这种气体从金属的灰中分解出来，但是，这又该怎么做呢？

这下子，拉瓦锡卡住了。

这堆金属灰烬中一定藏着秘密！

金属灰烬

"失燃素空气"是这样发现的……

普利斯特里

赶快偷学！

这时，才刚发现"失燃素空气"（氧气）不久的普利斯特里恰巧来到巴黎，和拉瓦锡参加了同一场宴会。他骄傲地向来宾们介绍了自己从氧化汞得到"失燃素空气"的经验。

于是，拉瓦锡回家后也马上进行加热氧化汞的实验，最后，他宣称终于发现了想寻找的那种空气，由于这种气体助燃的能力很强，也很适合呼吸，所以他把它命名为"纯粹空气"（或"真实空气"）（但其实不就是普利斯特里介绍给他的"失燃素空气"？），几年后改名为"oxygen"，也就是现在我们所说的"氧气"。

这一连串强有力的实验，组合成了拉瓦锡的"氧化说"——**"物质燃烧不是释放出燃素，也非分解反应，而是与空气中的氧气结合"**。

和虚无缥缈、众人始终找不到的燃素比起来，氧气是非常具体的物质，它不但能收集，也能测量，还可以解释"燃素说"无法解释的现象。因此，称霸近百年的"燃素说"就此被推翻，它的重要性在科学史上也被誉为是一场"化学革命"。

其实拉瓦锡能发现氧气，是建立在许多同期化学家的基础上的。可惜的是，他从来不提普利斯特里曾经为他解说如何制备氧气，也不承认舍勒曾写过信向他建议取得氧气的方法。为此，不少人责怪他很自私，想独揽发现氧气的功劳。但不可否认的是，舍勒和普利斯特里虽然比他早一步发现氧气，却都跳不出"燃素说"的大框框，看不透真实的科学意义。

只有拉瓦锡，他独具慧眼，看出其中蕴含的重大意义，所以才能开创出颠覆过往学说的"化学革命"！

快问快答

1 普利斯特里发现了氧气，也发明了汽水。那为什么他不试试看用"氧气"做汽水呢？

说不定他真的试过了呢！只不过，二氧化碳比氧气易溶于水。在一般的室温下，二氧化碳的溶解度是氧气的二十几倍。一般制造汽水是将二氧化碳"加压"，使其大量溶于水，所以当我们打开瓶盖时，才会有那么多的二氧化碳变成小气泡冒出来。如果硬要换成用氧气做汽水，施加的压力要更大，花费的成本会很高，喝起来也不见得会更好喝。

2 普利斯特里是化学家，怎么会发明橡皮擦呢？

普利斯特里不只是化学家，还是很活跃的哲学家、牧师、教育家和政论家……总之，他是一个很活跃、充满好奇心的人，一生写出了一百五十多本著作。据说，当他发表《电的历史与现前状态》一书后，决定要另写一本适合一般大众阅读的版本，可是找不到人帮他画插画，只好试着自己来。在他涂涂抹抹、修修改改的过程中，发现了凝固的橡胶，竟然可以轻松地擦去笔迹，这就是最早的橡皮擦。

3 普利斯特里为什么会想到用小老鼠来试验他收集到的氧气呢？

其实早在普利斯特里发现氧气之前，他就已经陆续用老鼠和植物来测试过空气了。

当时，普利斯特里收集到不同的空气后，最常测试的两个项目，就是**能不能燃烧、动植物能不能在其中存活**。他曾有一系列知名的实验：

蜡烛在密闭的空气中燃烧很快会熄灭。

如果加进植物，蜡烛可以持续燃烧几天。

老鼠在密闭容器中一段时间后，会因为无法呼吸而死亡。

如果同时加入老鼠和植物，并且进行光照，会大大延长老鼠存活的时间。

普利斯特里认为，植物会**"释放某些气体来修复老鼠的损伤"**。而我们现在知道，这就是**"植物会进行光合作用释放氧气"**。

LIS影音频道 ▶

扫码回复
"化学第5课"
获取视频链接

【自然系列——化学／燃烧02】燃烧与氧化理论——燃烧东西军II（上）

超受欢迎的"燃素说"，其实有巨大破绽！还好十八世纪有个讲求实验精准的法国科学家拉瓦锡，找到了影响燃烧的关键——氧气。

【自然系列——化学／燃烧02】燃烧与氧化理论——燃烧东西军II（下）

拉瓦锡通过实验发现了氧气，但却碰到了下一个难题，那就是为什么金属碰到酸会产生气体，金属氧化物却不会呢？一起来看看他是怎么找到答案的吧！

第 6 课

质量守恒定律

拉瓦锡

在 拉瓦锡之前，化学还称不上是一门科学。虽然，波义耳已经大声疾呼——化学应该脱离炼金术，独立成为一门科学，更在《怀疑的化学家》一书中，重重踢中炼金术的要害（见第3课）。

但身负重伤的炼金术，却还在苟延残喘、垂死挣扎。更何况波义耳说归说，他自己做实验的方式，都还带有炼金术的色彩。一直到拉瓦锡用严谨的实验，确认了"质量守恒"的定论，历时两千年的炼金术才终于寿终正寝，在历史的滚滚洪流中败下阵来。

"定量"实验打败炼金术

压垮骆驼的最后一根稻草到底是什么？那就是拉瓦锡的"定量"实验。

原来，炼金术士们与拉瓦锡所做的实验，最大差别在于炼金术重视**"定性"**，但拉瓦锡则重视**"定量"**。什么是定性和定量呢？定性的**"性"**，指的是**性质**；定量的**"量"**，则指的是**重量、质量、数量或体积**等的**变化量**。炼金术士做实验时，主要是用感官观察实验产物性质的变化，而不管它们变化了多少，所以只有"定性"。但是，拉瓦锡却认为，这种方法只看到了"现象的变化"，缺乏实际的数据记录，很容易被感官误导，所以他强调做实验时必须重视"定量"。

拉瓦锡最著名的"水生土"实验，就是一个以定量数据推翻旧理论的最好例子。

Chap. 6

67

天平是我
最好的朋友

安托万-洛朗·德·拉瓦锡

1743—1794

法国化学家

十八世纪之前，许多人都相信"水能变成土"。用今天的眼光来看，这种想法很不可思议。但是，早在古希腊哲学家亚里士多德提出的"四元素说"里就有水土互变的说法。

所以，信奉"四元素说"的炼金术士们，始终守着这个观念不放，尤其是当他们在玻璃瓶中长时间加热水，往往在瓶子里发现白色沉淀物的时候：

"瞧，水转换成土了！这些沉淀物就是证明！"炼金术士们总是自然而然地搬出"四元素说"来解释，甚至连波义耳也曾经支持过这个观点。

其实，这就是一种**"定性"**的观察，也就是只注意到了"水从液态变成白色固体"的现象，就简单得出了"水变成土"的结论。

但是，"水真的可以变成土吗？"拉瓦锡对这个观点表示怀疑。

"光用看的不准。至少我得设计个实验，来确认它的正确性！"拉瓦锡心想。

在1770年，年轻的拉瓦锡设计了一组实验。他把已经蒸馏过八次的水（蒸馏八次是为了得到非常纯净的水）放进一种叫作"鹈鹕瓶"的玻璃瓶里。

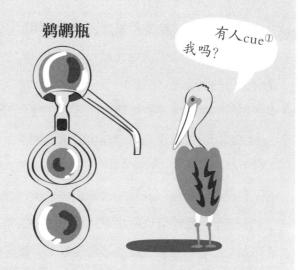

鹈鹕瓶

有人cue①我吗？

这种玻璃瓶是当时常用的蒸馏瓶，因为长得像鹈鹕，所以被叫作"鹈鹕瓶"。这不是重点，重点是，鹈鹕瓶还没装水前要先称重；装了水以后，还要加热驱走空气后密封，然后再称重一次。

这就是拉瓦锡做实验，凡事要**"定量"**的习惯。他相信**"量的变化"**会比**"性质的变化"**透露出更多秘密。而这也是他与其他炼金术士最大的差别。

接下来的三个月，他让密封瓶子里的水，持续保持在60℃～70℃，整整加热了一百零一天。结果发现，水中确实出现了小片固体的白色沉淀物。

"这就是他们所说的土吗？"

"待我量一量再下定论也不迟……"拉瓦锡想。

于是，拉瓦锡拿出他最倚重的天平，把各个重要数据都测量了一遍。他把水和白色的沉淀物倒出来，擦干蒸馏瓶后称重。结果发现：

1. 水的重量没减少。

2. 瓶子的重量却减轻了。

3. 瓶子减轻的重量几乎等于白色沉淀物的重量。

①cue：英文单词，主要有线索、暗示的意思。作为网络用语，"cue"的引申义为"被点名"。

"我懂了！这根本不是什么水变土嘛！"拉瓦锡心想，如果他测量得没错的话，瓶子减轻的原因，应该是长时间加热，使得瓶子的一部分被水溶掉了，才会变成白色的沉淀物。

　　"所以瓶子失去的重量，才会等于白色沉淀物的重量啊！"

　　就这样，拉瓦锡得出"白色的沉淀物不是水变成的土"的结论。他把这个强而有力的结果，发表在了论文《论水的本质》里。后来，一位来自瑞典的科学家也证实，这种白色沉淀物的确来自玻璃蒸馏器本身。

　　从这里，我们可以看出"定量"实验的重要性。如果不是因为拉瓦锡实际测量了水、瓶子和白色沉淀物三者的重量，就无法看出其实是"水溶解了玻璃"的秘密。

　　同样的现象，不同的实验方法，就让拉瓦锡得出和炼金术士完全不同的结论。这可是继波义耳《怀疑的化学家》后，推翻"四元素说"的强力实验证明，也让当时的科学界见识到"定量"——真的很重要。

什么？钻石也拿来烧，太浪费了吧？！

好可惜哟！不如拿来送给我。

　　看出"定量"实验的威力了吗？定性只是描述实验时看到的物质变化，如果加上定量，就能推论出变化背后的真正原因。

　　两年后，拉瓦锡又进行了有名的"钻石加热"实验。当然啰，照例还是要定量。在实验中，定量真的太重要了。

最昂贵的化学实验

在十七、十八世纪，化学家们很喜欢烧"珠宝"。没错，你没听错，就是珠宝，像是钻石、红宝石、蓝宝石等价值连城的宝石。

过去曾经有两个意大利的化学家把红宝石和钻石丢进大火里烧，结果红宝石没事，钻石却完全消失不见！在接下来的几十年里，好多化学家都在烧钻石！他们不是钱太多，而是想找出钻石到底是像热锅上的冰一样"挥发"了，还是被火"燃烧、分解"掉了？

皮埃尔·麦格
1718—1784
法国化学家

这对珠宝商来说尤其值得研究，因为他们原本相信：火能烧掉宝石上的杂质，让宝石的价钱更好。但如果钻石遇到火就会减重，甚至消失的话，就不能用火处理。所以珠宝商才愿意赞助这些实验，不然的话，化学家哪里负担得起呀！

有一天，拉瓦锡和他的两位朋友——皮埃尔·麦格（Pierre Macquer）和路易斯·克劳德·卡戴特·德伽西科特（Louis Claude Cadet de Gassicourt）聚在一起讨论如何彻底解决这个问题。最后他们决定，要用三种不同的实验方式烧钻石：

路易斯·克劳德·
卡戴特·德伽西科特
1731—1799
法国化学家

① 直接在空气中加热。

② 密封在装满白垩土（粉笔的主要成分）的罐子里加热。

③ 密封在装满木炭的罐子里加热。

这些实验的假设是——如果钻石会"遇热挥发"，那么在三个实验中应该都会"消失"。但如果钻石会伴随着空气"燃烧"，那么在空气和白垩土中加热的钻石会被烧光，而密封在装满木炭的罐子里的钻石应该可以完好无缺，这是因为在大火高温之下，木炭会先燃烧、释放出燃素①，让罐子里的气体吸饱燃素，钻石就没有办法再燃烧了。而直接在空气中，或与不可燃的白垩土一起加热的钻石，则会直接"被火燃烧"了。

拉瓦锡利用几面巨大的透镜，聚焦日光来加热钻石。透镜的直径可以大到1.32米。实验时，他还戴着十八世纪流行的墨镜，以防火光刺眼。

拉瓦锡

①拉瓦锡进行燃烧钻石实验时，尚未推翻"燃素说"，所以他此时提出的假设仍以"燃素说"为基础。

最后，实验结果终于出炉——直接在空气里加热和跟白垩土放在一起加热的两颗钻石变黑了，而且重量减轻了一部分；但放进木炭里的那颗，虽然实验引起了一场大火，但提供钻石的珠宝商最后竟然在余烬中，找到了那颗完好无缺的钻石！

可见，钻石真的是可以燃烧的！拉瓦锡和另外两位化学家朋友，用他们的太阳能加热器和天平，解决了这个跨世纪的难题。

不只如此，这个实验还让拉瓦锡发现——**等重的木炭和等重的钻石燃烧后，可得到等重且相同体积的同种气体**。根据这个定量的结果，拉瓦锡得出了一个结论：**"钻石和木炭的成分是一样的！"**这个实验是不是很厉害呢？很多女生听到以后，应该都会觉得把钻石拿去烧的科学家们脑子坏掉了吧？！

除了天平以外，做实验所向无敌的拉瓦锡还有一位亲密战友，陪着他做了无数实验，但她却常常像拉瓦锡的影子一样，被世人遗忘，或是草草几笔带过，她是什么人呢？给你一个提示——"一个成功的男人背后，总有一个伟大的……"没错，你答对了，那就是拉瓦锡的爱妻玛丽安·皮埃尔莱特（Marie-Anne Pierrette Paulze）。

仔细看看下面这张图，你找到她了吗？

隐藏版的化学家

玛丽安·皮埃尔莱特
1758—1836
法国化学家

　　1763年，出身于富裕法律世家的拉瓦锡，顺着老爸的意思拿到了法律学位。接下来，他只要继承家业、成为一位开业律师，就能继续拥有富裕的生活。

　　但偏偏，拉瓦锡只当了一阵子律师，就决定转行研究化学。不过，从事化学研究很烧钱，拉瓦锡身为一名普通的"上班族"，哪里会有这么多钱做实验和请助手呢？

聪明的拉瓦锡自然有策略。首先，他决定转行，应用他先前的法律知识，他成为私人征税公司的高薪"征税员"。原来，当时的法国，把收税工作一律"外包"给私人的征税公司，征税公司只要把收来的税，上缴固定金额给国家，剩下的款项就成为公司利润。

这种合法的讨债业务，自然是最赚钱的工作。坐领高薪的拉瓦锡，除了得到购置仪器的资金之外，还找到了免费的实验助手——1771年，拉瓦锡与公司同事的女儿玛丽安结婚，当时玛丽安年仅十三岁。

不过，经过拉瓦锡几年的亲自带领和化学熏陶，玛丽安很快就成为他最重要的实验助手与研究伙伴。玛丽安不但会操作拉瓦锡的所有实验，也跟丈夫一样注重定量与细节。不仅如此，由于当时照相机还没有发明，她甚至拜师学画，把实验的设备、方法与过程用绘画详细记录下来。

多年接触化学研究之后，玛丽安几乎已经成为独当一面的化学家了。精通英文的她，还经常代替丈夫阅读大量的英文论文，再进行翻译、注解，并加上自己的意见后再给拉瓦锡看。据说，拉瓦锡之所以能够成功地推翻"燃素说"，也是因为玛丽安先找出了"燃素说"的弱点，然后才决定进行燃烧研究，并最终提出氧化理论的。

当年嫁给拉瓦锡的小女孩玛丽安，就像一位"隐藏版的化学家"，协助丈夫做研究。她无疑是拉瓦锡在化学研究路上不可或缺的重要伙伴。

讲完了拉瓦锡的家庭生活，言归正传，回到他的研究吧。**"质量守恒定律"** 是拉瓦锡带给后世最具影响力的理论之一，虽然，之前就有化学家提出过类似

我也说过类似质量守恒定律的话啦!

米哈伊尔·瓦西里耶维奇·罗蒙诺索夫
1711—1765
俄国化学家

的概念,比如俄国化学家罗蒙诺索夫(Mikhail Vasilyevich Lomonosov)在1750年就曾说:"自然界的一切变化都遵循着相同的道理——一个东西少了多少,就会从另一个东西上补回来。"

但是差别在于,罗蒙诺索夫的话并没有经过严格的实验证明。而拉瓦锡却自始至终都用严谨的实验设计,向世人展现着质量守恒的重要性。他提出的质量守恒定律有以下三个重点:

● 任何一种在密闭环境中进行的化学反应,反应前后的质量总和不变。

● 若进行化学反应后质量减少,代表产生的物质散失在空气中。

● 若进行化学反应后质量增加,代表有外界的物质参与反应。

拉瓦锡在化学领域提出的质量守恒定律,仍然适用于今天的化学界,所以现在你知道拉瓦锡有多重要了吧!不过男主角的故事还没讲完呢,拉瓦锡对化学世界的贡献实在太多了,所以下一课我们还要继续讲他的其他重要发现。欲知后事如何,请看下回分解啰!

快问快答

1 第3课介绍波义耳是"化学之父"，但是我在其他书上曾看过拉瓦锡也被称为"现代化学之父"，到底谁才是真正的"化学之父"呀?

哎哟，"现代化学之父"跟"化学之父"不一样，多了"现代"还是有差别的。波义耳强调化学要脱离炼金术，催生了化学成为独立的科学。但是，拉瓦锡更是把精密测量带进化学实验，让化学实验建立在实际的数据变化上，这是推动科学现代化不可或缺的重要一步。无论是"化学之父"波义耳，或"现代化学之父"拉瓦锡，都是实至名归哟!

这本书还称拉瓦锡的太太玛丽安是"现代化学之母"呢!

化学书

这些都是后人取的，显示玛丽安对化学也很有贡献哟!

2 "质量守恒定律"是拉瓦锡留给后世影响力最大的理论，为什么质量守恒定律这么重要呢?

因为质量守恒定律，不只适用于化学，还适用于整个自然界! 而且，质量的大小是很容易被测量的数据，只要测量质量的变化就能帮助科学家找出问题。比如，加热20克的石灰石，后来却剩下18克，就能根据"质量守恒"定律推论，石灰石加热后应该有2克变成气体逸散到空气中了。

Chap. 6

③ 化学物质在产生变化时，为什么是"质量"守恒，而不是"体积"守恒，或"重量"守恒呢？

若用现在的观点来看，化学反应的过程中原子会重新排列，但不会消失，所以原子带有的**"总质量"**不会变化，质量当然会守恒。但是**"体积"**不一样，由于原子间的距离和排列的方式，会随着物质变化而变化，造成反应物和生成物的体积不会守恒。

至于**"重量"**，由于同一种物质在不同的重力场中，就会有不同的重量（例如在地球重60千克的人，到了月球重量只有10千克），你觉得重量还会守恒吗？

组个"月球减重旅行团"好了……

这么好？！我也要去月球！

LIS影音频道

扫码回复"化学第6课"获取视频链接

【自然系列——化学／物质探索04】质量守恒定律与化学命名法——断头台下的金头脑

十八世纪的法国，出了一位举世闻名的科学家，他做的每一项实验都讲求精准，并在化学史上写下崭新的一页！然而，在化学界呼风唤雨的他，却在风起云涌的法国面临着人生最大的劫难……

78

统一命名大作战

拉瓦锡和他的朋友们

对许多人来说，学化学时，最令人头痛的莫过于要背化学符号和物质的名称。化学世界用的字，像是"氙、硒、溴、铑……"就像是火星文跟土星文的混血文字——看第一眼念不出口，好不容易会念了，在日常生活中又根本用不到。化合物的名字念起来更是拗口，尤其是有机化合物，更是难懂又难念！

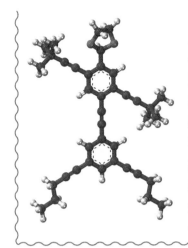

俗称"纳米小人"的化合物，全名就叫作"2-(4-{2-[3,5-二(1-炔-1-甲基戊基)苯基]乙炔基}-2,5-二(1-炔-1-甲基-3,3-二甲基丁基)苯基)-1,3-二氧杂环戊烷"，念起来简直就像绕口令一样！

世界上最长的英文单词，就是一种蛋白质的名字。这种蛋白质的正式名称共有18.9819万个英文字母，光是要把它的名字念完，就要花三个半小时！还好，为了不浪费宝贵的时间和口水，专家帮它取了一个只有五个字母的名字——Titin，中文叫作"肌联蛋白"。

妈呀，这是什么东西？名字够长……

Titin

Methionylthreonylthreonylglutaminylarginyltyrosylglutamylserylleucylphenylalanylalanylglutaminylleucyllysylglutamylarginyllysylglutamylglycylalanylphenylalanylvalylprolylphenylalanylvalylthreonylleucylglycylaspartylprolylglycylisoleucylglutamylglutaminylserylleucyllysylisoleucylaspartylthreonylleucylisoleucylglutamylalanylglycylalanylaspartylalanylleucylglutamylleucylglycylisoleucylprolylphenylalanylserylaspartylprolylleucylalanylaspartylglycylprolylthreonylisoleucylglutaminylasparaginylalanylthreonylleucylarginylalanylphenylalanylalanylalanylglycylvalylthreonylprolylalanylglutaminylcysteinylphenylalanylglutamylmethionylleucylalanylleucylisoleucylarginylglutaminyllysyl...

这是肌联蛋白英文全名的一部分，总共得要二十页才能写完全名呢！

化学名称混乱的年代

尽管如此，现代学生比起过去的人要幸福多了。至少我们现在学化学，只需要记忆一套化学符号和化学名称，而且不管说出来或写出来，所有学过化学的人都听得懂也看得懂。

但是在十八世纪之前，化学的符号和名称并不统一。化学家使用的专业名词不但同时有好几套，还常常定义不清、彼此混淆。而且化学物质的名字，往往和它的实际成分不相关，要把它们全部记清楚，真是不容易。就比如说，有一个人大家统一叫他"阿猫"，那你只需要记得"阿猫"这个名字就行了；但如果每个人都帮他取不同的名字，那你就得记得"阿猫、阿狗、阿信、阿财……"一大堆名字，是不是很累呢？

还有，请你看看下面这张符号表：

看起来有没有寻宝的感觉？这些是古代欧洲炼金术士所使用的神秘符号。为了不让自己辛苦得到的炼金技术落入外人之手，他们常常故意使用别人看不懂的符号来记录实验过程。不同门派的炼金术士，使用的符号或化学字词可能完全不同，想要学习炼金技术或阅读他们著作的人，都需要重新学习各种不同的代号。

再来说说化学。化学刚开始告别炼金术的时候，也没有比炼金术好到哪里去。

散落在欧洲各国的化学家，各弹各的调，同一种物质的名字可能有几百种！好啦，这样说是有点儿夸张，但同一种物质光是不同语言就有好多种名字，要是再加上别名，那要完全认识它们实在是非常困难！

更何况，很多名字跟物质本身的成分根本没有关系！请看下表：

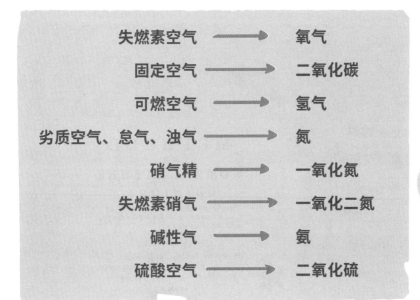

失燃素空气 ⟶ 氧气

固定空气 ⟶ 二氧化碳

可燃空气 ⟶ 氢气

劣质空气、怠气、浊气 ⟶ 氮

硝气精 ⟶ 一氧化氮

失燃素硝气 ⟶ 一氧化二氮

碱性气 ⟶ 氨

硫酸空气 ⟶ 二氧化硫

救命，这也差太多了吧！

这种混乱的命名对于讨论化学非常不利，学生们也只能硬着头皮死记硬背，才能掌握各种化学物质的名称。到了十七、十八世纪，这个问题已经到了令人难以忍受的地步，因为跟古代比起来，这个时代的化学，正以前所未有的速度在进步，新的气体和化学物质越来越多，人们极需要有一套简单、好用且统一的命名方法，才能应付越来越复杂的化学世界。

还好就在此时，拉瓦锡跳了出来，混乱的化学世界终于看到曙光！这是他除了推翻"燃素说"、确立质量守恒定律外的另一项重大贡献。

化学世界之一统天下

在太太玛丽安的支持与协助下，拉瓦锡除了研究化学之外，还能无后顾之忧地投入许多公共事务。他是科学家，同时也是律师、政治家、财政与军火专家、农学家，以及慈善家。据说，他每天早上六点起床，先在家研究化学到八点，然后出门从事白天的各项事业。晚上七点回到家后，又重新投入化学研究直到十点。而

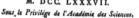

MÉTHODE
DE
NOMENCLATURE
CHIMIQUE,

Proposée par MM. DE MORVEAU,
LAVOISIER, BERTHOLET,
& DE FOURCROY.

ON Y A JOINT

Un nouveau Système de Caractères Chimiques, adaptés à cette Nomenclature,
par MM. HASSENFRATZ & ADET.

A PARIS,
Chez CUCHET, Libraire, rue & hôtel Serpente.

M. DCC. LXXXVII.

Sous le Privilège de l'Académie des Sciences.

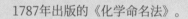

1787年出版的《化学命名法》。

他最喜爱的时间是礼拜天，因为他能一整天都沉浸在化学实验中。

毕竟，他的最爱除了玛丽安，仍旧是化学。

所以，当化学世界因为命名法陷入一片混乱时，拉瓦锡适时地挺身而出，是很自然的事。

当时的化学界，正进入发现许多新气体和新物质的新时代。可是命名方式却沿用混淆不清的旧名字，分散在各种不同的教科书里。不同国家的科学家，本来就会帮化学物质取不同语言的名字。来自炼金术、矿业或医药学等各个领域的专业人士，更是常用不同的术语称呼同一种物质。

比如说"水银"，天文界或炼金术界是用罗马天神的名字给它取名为"mercury"；但希腊文的"hydrargyros"和拉丁文的"hydrargyrum"，则是"水状的银"的意思；英文更将水银命名为"quicksilver"，意思是"活动的银"……这么多的名字在不同的论文中出现，经常让人混淆不清；还有一些是XX油、XX精、XX剂的，更是无法让人一眼就看出它们的成分究竟是什么。

这种混乱的局面，已经明显成为学习和讨论化学的障碍了。于是，拉瓦锡与其他几位化学家组成"巴黎科学院命名委员会"，开始研究命名的规则。

1787年，拉瓦锡与另外三位化学家伙伴出版了《化学命名法》一书，希望确定化学命名的规则，书中有以下重点：

1

每种物质必须有一个公认的名称，不可随便命名。

俗名out（淘汰）！

2

元素的名称要尽可能符合它的特性或特征。

氢是水(hydro)的生成者，所以命名为"hydrogen"哟！

水　氢

3

化合物的名字必须涵盖它所含的元素。

就像"氢氧化钠 (NaOH)＝氢 (H)＋氧 (O)＋钠 (Na)"

4

酸、碱用所含的元素来命名，盐类则用构成的酸和盐基来命名。

例如磷酸、硫酸，里面就有"磷"或"硫"哟！

化学命名法

命名好简单！　　　命名好重要！

拉瓦锡

吉顿·德·莫沃
1737—1816

贝托莱
1748—1822

孚克劳
1755—1809

拉瓦锡和其他三个科学家好友，一起确定了化学命名的规则。

这些规定简单、明了，所以《化学命名法》公开以后，马上获得巨大反响，并被翻译成多国语言，传播到世界各地。这本书为化学世界建立秩序，也带来前所未有的条理性与系统性，化学因此进入了一个全新纪元。直到现在，我们都还在使用这套命名规则。

就这样，除了少数人之外，多数化学家都非常乐意采用这一套新的化学命名方法，这让原本乌烟瘴气的化学世界耳目一新。而拉瓦锡本人更是以身作则，他取名的化合物最有名的就是"oxygen"——氧气，意思是"酸的生成者"。他之所以会帮氧气取这个名字，是因为他在酸碱理论上也获得了重大突破。

不过，这个名字后来却被发现有部分错误，让原本风光的拉瓦锡，在科学史上被小小地记上一笔。

波义耳发明石蕊试纸

说到这里，我们不得不先讲讲人类使用酸碱的历史。

其实，自人类文明发展之初，就已经有了运用酸与碱的相关记录。尤其是在古埃及，当时高度发展的染色工艺、冶矿技术，乃至木乃伊的处理方式，都有酸、碱物质的身影。

不过，虽然人们很早就会使用酸碱了，却不了解酸、碱到底是什么？也不清楚酸与碱之间究竟有什么关系。

其实，人类对"酸碱"最原始的描述是：

左手吃起来有苦味，摸起来很滑溜，这就是"碱"。

右手尝起来有酸味，这就是"酸"。

不要惊讶，没错，就是用"尝"的方式。早在远古时期的农耕时代，人类就习惯用嘴巴分辨土壤的酸碱性。因为作物要长得好，需要碱性的土壤，所以人们都会"吃吃看"土有没有苦味。当然，这种方式现在我们看来非常危险，也很容易中毒，但在没有任何检测工具的古代，"吃吃看"的确是非常普遍的方法。

直到十三世纪西班牙学者阿诺德·诺瓦（Arnaldus de Villa Nova，1240—1311）才发现用"石蕊"判定酸碱的方法。石蕊是一种生长在岩石表面的地衣（地衣是真菌与绿藻的共生体），它的汁液所含的色素，会在酸性中呈红色、碱性中呈蓝色。十七世纪时，波义耳又找到更多能用来检验酸碱的植物，进一步发扬光大，并把石蕊的汁液涂在纸上烤干，做出世界上第一张"石蕊试纸"。

太好了，感谢波义耳，现在我们不用吃土就能检测酸碱性了！

拉瓦锡的酸碱实验

石蕊试纸非常好用！但是，酸碱的本质到底是什么？还是没人知道。直到拉瓦锡和玛丽安开始了他们的酸碱实验，酸与碱的神秘面纱才稍稍向世人揭开。

拉瓦锡发现，只要把碳、硫、磷等非金属元素燃烧、氧化后溶于水，就会变成"酸"；而将金属元素燃烧、氧化后溶于水，就会变成"碱"。所以他推论："氧"是产生酸、碱的关键。而且酸里都含有氧，因此，他将氧按新的化学命名规则——**"元素的名称要尽可能符合它的特性或特征"**，定名为**"oxygen"**，意思就是**"酸（oxy-）的生成（-gen）者"**。

他也依照**"酸、碱用所含的元素来命名"**的规则，由所含的元素来为不同的**"酸"**命名，像是**碳酸、磷酸、硫酸**，等等。

拉瓦锡用强有力的实验依据和逻辑推理，令当时的科学家们信服他的新理论。但是，以我们现在的观点回头去看，其实拉瓦锡的酸碱理论并不正确，因为使溶液表现酸性的是**"氢离子"**，而且像盐酸（氯化氢，HCl）一类的"无氧酸"，根本就不含氧！

但是，有句话说"瑕不掩瑜"，意思是玉上面的几个小斑点，无法遮盖整块玉的完美光泽。拉瓦锡对化学世界的贡献，也是远远大过无心犯下的小错误。他，还是化学世界的巨人，从我们用了3堂课才讲完他的丰功伟业不难得知。

Chap. 7

只可惜，这位巨人身影伟岸，却不长寿。1789年，法国爆发了大革命。五年后，革命的怒火就烧到了曾为国王征税的拉瓦锡身上。这年的拉瓦锡才五十岁；当暴徒冲进拉瓦锡的住所时，他还沉浸在化学研究中。1794年5月8日，拉瓦锡被送上断头台。面对这一切，他表现得十分坦然。据说，他在死前对刽子手说：

"麻烦您帮我一个忙好吗？"

"我想知道砍下来的脑袋还能活多久。所以待会儿我会一直眨眼睛，请您数数我能眨几次？谢谢您……"

最后，他总共眨了十五次，而这也是他人生的最后一项实验。

虽然历史上并没有记载这一场景，但依然让我们瞥见了拉瓦锡对实验、知识与"量化"的坚持。当拉瓦锡的头在断头台被砍下来后，他的好朋友数学家拉格朗日（Joseph Lagrange，1736—1813）难过又惋惜地说：

1789年，法国爆发大革命。1791—1794年，激烈的革命党人在巴黎设立断头台，处决了七万多名"反革命人士"。曾经担任征税官的拉瓦锡，在当时的人民眼中，是为国王横征暴敛的邪恶角色，所以就算他是公认的杰出化学家，仍被无情地送上了断头台。

"仅仅一瞬间，我们就砍下了他的头，如此聪明的脑袋一个世纪都未必能出现一个呀！"

可惜在历史里没有如果，但拉瓦锡如果真的能活下来，正在蒸蒸日上的化学世界可能又是另一番繁荣的景象了吧！

快问快答

1 拉瓦锡制定"化学命名法"，规定元素名称要尽可能符合它的特性或特征。但是，由谁来帮新的元素命名呢？

　　过去，元素一般是由发现元素的科学家来命名，像金属元素钠和钾就是由发现者戴维（Humphry Davy，1778—1829）命名的。不过到了近代，新元素多半是一整个实验室里的科学家共同发现的，所以像2016年新发现的元素"钦"（Nihonium，Nh），就是由日本九州大学的实验室命名的。

2 新元素被命名时不是中文，那中文的元素名称，最早是由谁翻译或制定的呢？

　　是清朝末年的科学家徐寿。徐寿引进西方的化学，在翻译相关著作时，创造了"化学"这个中文名词。徐寿还制定了汉语的元素命名原则。像是古代就有的金、银、铜、铁、硫、锡就沿用旧名；而钠、钾、钙、镍等其他元素，则根据原名的第一音节来创造新的汉字。这个中文命名法被广泛接受，一直沿用到现在。

> **徐寿**
> 1818—1884
> 清朝科学家

3 古人会用味道、触感测试酸碱，为什么碱摸起来会滑滑的呢？

　　因为，碱性物质碰到手上分泌的油脂，会形成脂肪酸盐和甘油（皂化反应）。甘油摸起来有点儿滑腻感，而脂肪酸盐则跟我们平常用的肥皂一样，是一种界面活性剂，摸起来也都有滑滑的感觉。

4 课本中介绍了很多酸碱的性质，我们全要背下来吗？

在课本中介绍的酸碱，多半都具有腐蚀性或刺激性。如果能认清它们可能带来的危险，下次碰到时就可以小心一点儿，能把它们都记下来也很不错，不是吗？

好！我记下来了。

LIS影音频道 ▶

扫码回复
"化学第7课"
获取视频链接

【自然系列——化学／酸碱01】酸碱的分辨——拉瓦锡的酸碱变色大作战（上）

虽然波义耳发明的石蕊试纸，能方便简易地分辨酸碱，但令拉瓦锡更困惑的是——让物质呈现酸碱性的物质究竟是什么呢？

【自然系列——化学／酸碱01】酸碱的分辨——拉瓦锡的酸碱变色大作战（下）

拉瓦锡的"酸碱之惑"终于解开了，原来，酸除了会腐蚀、能让石蕊试纸变红之外，竟然都存在着氧元素，从此，拉瓦锡也提出了更完整的基础化学理论……

第 8 课

原来化学反应可以"逆"

贝托莱

前 面3堂课都在讲述拉瓦锡的丰功伟业，但最后的结局却令人唏嘘。如果拉瓦锡能逃过法国大革命，现代化学的进展，会不会从当时的"快跑"，变成"狂奔"呢？不过没有发生过的事，谁又知道呢！

　　但是我们回顾历史，在同一个时代却有另一个化学家，让我们眼睛一亮，因为他的命运恰好可以拿来和拉瓦锡对比。他幸运地逃过了法国大革命，所以有机会发展重大的化学理论，带领现代化学突飞猛进。他就是克劳德·路易·贝托莱，1748年出生于法国的科学家，他不但与拉瓦锡生在同一个时代，也是一起做研究的好伙伴，还共同写出了重量级的化学著作——《化学命名法》。

为什么贝托莱这么幸运呢？

人的命运各不同啊！

共同发表《化学命名法》

　　事实上，学医出身的贝托莱，在与拉瓦锡合作之前，就曾经发表过许多研究化学物质的论文。最有名的就是，他成功测定出**"氨"**（NH_3）其实是由**"氮"**（N）和**"氢"**（H）所组成的。

　　这是一项重要的发现。不过，由于当时化学的发展，已经来到运用科学方法与实验验证的时代，大量化学物质的组成也一个个被破解开来，所以贝托莱虽然是声望不错的科学家，但在当时，他的发现只是众多发现中的一个，并不是特别耀眼。

　　还好，除了做研究与教书之外，贝托莱也很热衷于结识各路的科学家，彼此切磋最新的科学想法，这让他和当时学界的红人拉瓦锡成为相当投合的研究伙伴。他们不只一起讨论化学，还为解决当时化学界混乱的命名问题，共同拟出一套简单可行的规则，并与另外两位作者一起出版了《化学命名法》。这本书不但成功地影响了当时的科学界，也让贝托莱的学术声望攀上一个新的高峰。

哇，发型
跟我好像……

贝托莱　拉瓦锡

贝托莱

但是，就在他们出版了《化学命名法》两年后，法国大革命爆发了，命运的十字路口就此岔开。或许是太过天真，拉瓦锡选择留下来继续研究心爱的化学，完全没想到自己会因为曾经当过征税官，而在日后被送上断头台；相反，他的好友贝托莱却选择了逃离，一直等到形势比较稳定的时候，才被后来的政府找回法国，教授与火药相关的化学课程。

加入拿破仑埃及远征军科学团

事实上，影响近代历史极为深远的法国大革命所产生的纷乱与动荡不安，持续了整整十年，直到法国著名的军事家与政治家——拿破仑（Napoléon Bonaparte，1769—1821）主政时期，局势才稳定下来，获得一小段时间的安宁。

1769年生于科西嘉岛的拿破仑，天生就是军事天才，1789年法国大革命爆发时，他才二十岁，却屡屡立下辉煌战功，慢慢成为法国人心中的英雄。只是，人气太旺总是容易遭人眼红，政府的当权者开始担心这位英雄会想夺权，于是故意把他派往海外，带领大军进攻埃及。

有趣的是，这位英雄非常热爱科学。远征埃及时，他除了带二十万大军，还带

1798年，拿破仑远征埃及时曾命令："让驴子和学者走在中间。"虽然这场战争最后以失败作结，二十万大军最后也只剩下两千人，但受到严密保护的学者却一个也没少，可见拿破仑对科学、文明与文化的重视。

了一百七十五名专家学者、千百箱的书和研究设备。这些学者成立"埃及研究院"，军队打到哪儿，他们就坐在驴子上跟着调查到哪儿。

学术声望高、对战争所需的炮弹火药又熟悉的贝托莱，自然也受邀成为随军科学团的一员。其实埃及称得上是贝托莱的幸运之地，因为如果不是去埃及，他就不会遇上咸水湖；而不遇上咸水湖，他就不会发现极为重要的"可逆反应"。

我也要去看咸水湖！

埃及咸水湖的重大发现

克劳德·路易·贝托莱
1748—1822
法国化学家

虽然贝托莱加入了埃及远征军，但是他跟其他一百七十四名各领域的专家一样，不拿枪，只做调查研究。所以，当他跟着大军来到开罗附近的咸水湖时，湖边的沉积物立刻引起了他的好奇。

咸水湖就是一般所说的咸水湖，它的盐分比一般的湖水甚至海水更高，大部分位于干燥的内陆。不过，虽然这种湖的湖水喝起来非常咸，但是它的成分跟海水一样吗？

答案是肯定的。贝托莱发现，咸水湖中的盐跟海水里的盐一样，成分都是"**氯化钠**"（NaCl）。但是令人纳闷的是，湖水干掉以后堆在湖边的沉积物却是"**碳酸钠**"（Na_2CO_3），也就是我们俗称的"苏打"。

"怎么会这样？" 贝托莱心想，"这些碳酸钠是从哪里冒出来的？"

正当他百思不得其解的时候，他发现：湖边除了有碳酸钠以外，还有许多俗称"石灰石"的**"碳酸钙"**（$CaCO_3$），而且这些石灰石都有被侵蚀过的痕迹。这时候，贝托莱就像科学办案的法官一样，搜集证物仔细推敲，最后大胆假设：

"如果湖边的'**碳酸钠**'是湖水里的'氯化钠'与石灰石中的'碳酸钙'反应产生的生成物，似乎就可以解释为何会有这么多'碳酸钠'出现在湖边了！"

$CaCO_3\downarrow$
碳酸钙
（石灰石）
+
$2NaCl$
氯化钠
（盐）
$\rightarrow$
Na_2CO_3
碳酸钠
（苏打）
+
$CaCl_2$
氯化钙

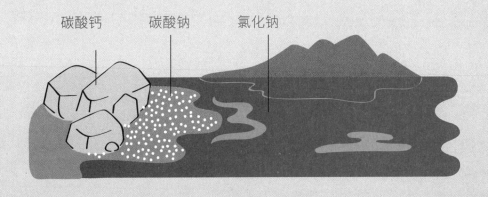

碳酸钙　　碳酸钠　　氯化钠

贝托莱似乎找到了原因。

"可是……"这个化学式他好像在哪里见过。

"啊！我想起来了！"贝托莱灵光一现，"就是以前我研究盐类反应时做过的实验，只是生成物和反应物颠倒过来！"

原来，在远征埃及之前，他曾经记录过一个化学反应：

$$Na_2CO_3 \text{碳酸钠（苏打）} + CaCl_2 \text{氯化钙} \rightarrow CaCO_3\downarrow \text{碳酸钙（石灰石）} + 2NaCl \text{氯化钠（盐）}$$

过去在科学家的经验中，苏打（碳酸钠）碰上氯化钙就会自动反应，生成石灰石（碳酸钙）以及盐（氯化钠）。而且，化学家之前一直认为：物质结合的原因是因为有"亲和力"，一旦Ａ和Ｂ因为亲和力而结合以后，就一生一世不会分开。换句话说，化学反应就像变了心的恋人一样，只要一发生变化就不会回头，化学变化根本不会逆转。

所以，他们认为：

苏打＋氯化钙 ✔ 石灰石＋盐

苏打＋氯化钙 ✘ 石灰石＋盐

但是现在事实摆在眼前。过去认为不可能的事，就在贝托莱眼前发生了。他在咸水湖边明明白白地发现了一个可以正着跑，也可以倒着跑的化学反应：

苏打＋氯化钙　　　　　石灰石＋盐

苏打＋氯化钙　　　　　石灰石＋盐

而这样的反应，就是我们现在在化学课本里所学到的、常以双向箭头"⇄"表示的**"可逆反应"**。

贝托莱的这项重大发现，就像掀开了化学反应的第一层面纱，给当时的科学家一个很大的启示：**原来，A不是只能变成B，B也可以变回A。**

至于化学反应在物质转换的过程中，还有什么我们不了解的秘密呢？后续的科学家将紧接着一一解开。

你会回心转意吗？

看看你的表现，我再来决定"可不可逆"……

这不是化学……

发现"浓度"的影响

俗话说："龙交龙，凤交凤。"身为拉瓦锡好友的贝托莱，自然也不是省油的灯。他和拉瓦锡一样，有着洞察实验细节的能力，除了发现可逆反应，他更在调查咸水湖的过程中，发现了**"浓度"**对化学反应的影响。

别以为"浓度"大家都知道，没什么厉害的。前面我们已经说过好几次，不能用现代的眼光去看以前的化学发展。

想象一下，如果派古代的化学家去现代商店买饮料，他们应该会搞不清楚什么是"全糖、半糖、微糖……"因为以前的人根本不晓得"浓度"是什么样的概念。

全糖、半糖、微糖……到底差别在哪儿？！

但贝托莱却注意到，只要**"化学质量"**够大，大部分的**"生成物"**是能变回**"反应物"**的。而他所说的**"化学质量"**，就很接近今日的**"浓度"**概念，这是因为当时的科学界还不认识浓度，所以贝托莱才会发明**"化学质量"**这个名词。

化学实验中的"正反应"，像是"苏打＋氯化钙→石灰石＋盐"，平常在实验室里很容易发生，但是"逆反应"却极难被观察到，这是因为实验室里不像咸水湖有这么多的盐，也不像湖边有一大堆石灰石，"化学质量"不够大，所以才不容易出现明显的逆反应。

贝托莱将他这一连串的发现，写进《化学静力学》一书中。这本书在1803年出版。不过，由于当时的人对"浓度"都还没有完整的概念，一开始并没有引起太大的轰动，直到将近一百年后，贝托莱的可逆反应才在科学世界大放异彩。现在看来，这位远征埃及的化学家可以说是相当有前瞻性呢！

快问快答

1 世界上所有的物质反应，都是"可逆反应"吗？

只能说很大部分都是**"可逆反应"**，但在某些反应中，逆反应的速率远远小于正反应，小到几乎可以被忽略，就会被当成是**"不可逆反应"**了。

有些情况则是当反应发生时，生成物会变成气体散失在空气中，例如：

$$CaCO_3 \text{（碳酸钙）} + 2HCl \text{（氯化氢）} \rightarrow CaCl_2 \text{（氯化钙）} + H_2O \text{（水）} + CO_2\uparrow \text{（二氧化碳）}$$

这个反应产生的**二氧化碳**会不断飘向空中，所以逆反应无法发生，当然就变成**"不可逆反应"**了！

木炭燃烧的过程就是不可逆的哟！

2 在日常生活中，哪些地方可以观察到"可逆反应"呢？

日常生活中的"可逆反应"非常多。比方说，当我们在水里加很多盐（氯化钠）时，盐一方面会溶解在水里，解离成钠离子和氯离子；另一方

Chap. 8

面，钠离子和氯离子又会结合成氯化钠：

$$NaCl（氯化钠）\rightleftarrows Na^+（钠离子）+ Cl^-（氯离子）$$

事实上，就连我们看到的一杯静止的水，也正在悄悄地进行"可逆反应"。杯中的水一部分正在解离成氢离子和氢氧根离子，但同时，氢离子和氢氧根离子也在结合成水：

$$H_2O（水）\rightleftarrows H^+（氢离子）+ OH^-（氢氧根离子）$$

其实，水或盐水的正反应和逆反应一直都在进行着，只是两者的速率达到了一定的平衡，所以看起来才没有什么变化，这就是所谓的**"动态平衡"**哟！

③ 拿破仑这么喜欢科学，为什么不当科学家呢？

其实，拿破仑在就读军校时，就热情而认真地钻研过数学、物理、化学、地质等科学，所以他后来才能把科学知识活用在战争上。虽然拿破仑没有选择当科学家，但他主政时却是科学成就最丰富的时代，这也算是拿破仑对科学和这个世界的贡献吧！

LIS影音频道 ▶

扫码回复
"化学第8课"
获取视频链接

【自然系列——化学／化学反应01】可逆反应——远征埃及大发现（上）
贝托莱是十八世纪研究化学反应的专家，这次他跟着拿破仑一起出征埃及，结果竟然在湖边发现了化学反应原来可以逆向出现……

【自然系列——化学／化学反应01】可逆反应——远征埃及大发现（下）
化学反应，到底可不可逆呢？真相就在反复验证中……

/第9课/

蛙腿里的"动物电"

伽伐尼

从古老又迷信的炼金术开始，经过科学萌芽的十七世纪，再往前推进到了十八世纪，此时，人类的化学发展正呈现出一片希望无限、前景大好的态势。

另一方面，当化学的研究方法渐渐科学化、研究工具越来越先进时，投入化学研究的人势必变多，分工也会比以前更加细致。很多不同类型的化学研究，就像树长大了势必会分枝一样，开始在世界的不同角落同时进行。因此，就在拉瓦锡提出轰轰烈烈的燃烧理论、贝托莱发现可逆反应的同一时期，世界上有另一股新的化学潮流——"电化学"，正在悄悄兴起。

换句话说，以前的化学家总是在玩"火"，而现在有一群化学家准备开始玩"电"。也因此，在十九世纪来临时，化学即将从"火"的时代，进入"电"的时代。

不过有趣的是，一开始催生电化学的人并不是化学家，而是一位解剖学家，他阴错阳差地发现了"动物电"。但是动物身上的电跟化学有关系吗？电化学又是怎么发展出来的呢？

别急别急，有趣的事总是值得耐心等待，就让我们先从人类对"电"的发现慢慢说起。

有没有看到我的眼睛在"放电"？

拜托，我只看到斗鸡眼啦！

你们别吵，一起来听电的故事吧……

电学的起源

电啊电，现代人的生活离不开电。不过，虽然电一直存在于大自然，但人类真正能使用电，其实只有短短两百多年的时间。

一开始，人类是从打雷闪电的自然现象观察到"电"。但是，天打雷劈的现象太吓人，不是人畜活生生地被劈死，就是引发熊熊大火。所以，原始人类大多对雷电充满畏惧，常把打雷闪电看成是神的怒火，想象它是上天降下的惩罚或报应，很少有人会特别研究。

但随着时间的推移，古人在日常生活中也渐渐发现一些比较温和的静电现象。

比方说，用骨头做的梳子梳头发时，会发出噼里啪啦的声音；用布或兽皮摩擦琥珀后，可以吸起碎纸、谷壳或草屑……不说你们可能不知道，现代英文里"电"（electric）这个词，最早就是"琥珀"的意思。

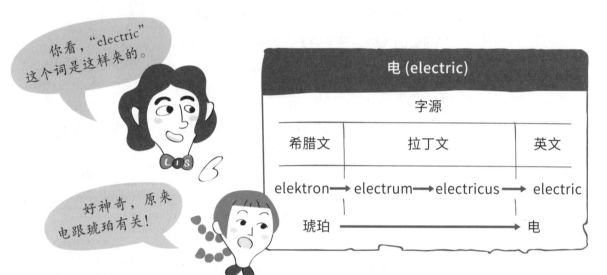

你看，"electric"这个词是这样来的。

好神奇，原来电跟琥珀有关！

电 (electric)		
字源		
希腊文	拉丁文	英文
elektron → electrum → electricus → electric		
琥珀 ————————————————→ 电		

奥托·冯·格里克

1602—1686

德国物理学家

就这样，在接下来一两千年的漫漫岁月里，人类对电的理解，一直停留在这里，没有太大的进展。原因就在于人们一直没有能力收集电，当然就很难研究它，也几乎不可能用电来做些什么事。用布擦擦琥珀这种摩擦生电的静电现象，除了偶尔可以拿出来当作魔术玩一玩、骗骗小孩儿之外，几乎没有什么实用价值。

直到1663年，德国人奥托·冯·格里克（Otto von Guericke）发明了"摩擦起电机"，科学家开始能"自己制造电"，关于电的科学研究才正式展开。

摩擦起电机的原理

格里克把硫黄粉碎、熔化，灌进玻璃球里，中间插一根木棒作为转轴，等硫黄冷却后，再把玻璃敲掉，一颗"硫黄球"就做好了。当硫黄球快速转动时，只要用布或手摩擦它，就能产生电的火花。

格里克

硫黄球

电学研究的重要进展

虽然以现代的眼光看起来，这种起电机有点儿像玩具，但在当时却有着划时代的意义。因为这是人类第一次可以自行制造比较大量的静电。当电开始可以被制造、收集，就代表科学家终于有电可以"玩"了。也因此，在摩擦起电机发明后的一百年内，人们对电的研究就开始有了显著的成果。

电学家的进展	
	**史蒂芬·格雷（Stephen Gray）** 1666—1736 英国天文学家
	发现金属能导电，丝绸不能导电，区分出"导体"和"非导体"的概念。

电学家的进展

查尔斯·杜菲 （Charles François de Cisternay Du Fay） 1698—1739 法国化学家	
发现电分两种，一种是"玻璃电"，一种是"松香电"。同种电会相斥，异种电会相吸。	

	本杰明·富兰克林 （Benjamin Franklin） 1706—1790 美国科学家、政治家
	把"玻璃电""松香电"重新定名为正电和负电，确定电有极性。

彼德·马森布罗克 （Pieter van Musschenbroek） 1692—1761 荷兰科学家	
发明"莱顿瓶"，人类终于可以储存电力。	

　　猜猜看，其中受到最多欢呼声和掌声的是谁？当嘟！当然是发明"莱顿瓶"的荷兰科学家彼德·马森布罗克。这是因为长久以来，人类只懂得摩擦生电，却没有办法把电储存起来。莱顿瓶可以储存大量的静电，而且因为电量够大，从此电学实验能"玩"的把戏……不不……研究就变多了，所以凡是从事电学研究的，必定人手一瓶（或n瓶）。

　　科学家们不但拿莱顿瓶来做实验，有时候还拿它来娱乐大众。例如，拿莱顿瓶

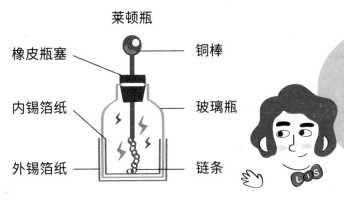

莱顿瓶

橡皮瓶塞 —— 铜棒
内锡箔纸 —— 玻璃瓶
外锡箔纸 —— 链条

莱顿瓶的充电方式，是把球形电极接上静电产生器，外层锡箔纸则接地，此时瓶子内、外部的金属，就会携带数量相等但极性相反的电荷，电也因此能被存进瓶子里。

现场电死老母鸡或使纸片跳舞，甚至还曾让几百个修道士手牵手排成一排，然后由最后一位手摸莱顿瓶——此时平常正经八百的修道士们，就会一起跳起来，令人目瞪口呆。

天啊，我们都被电到了！

喜欢新奇又好玩的事物是人类的天性，所以，当时很多科学家都受到"电"这种新玩意儿的吸引，情不自禁地投入到对电的研究中。接下来，我们要谈到的这位无意间催生出电化学的解剖学家——伽伐尼（Luigi Aloisio Galvani），也是这样转行的。

青蛙腿
"显灵"风波

路易吉·伽伐尼
1737-1798
意大利医生、解剖生理学家

1737年，身为金匠之子的伽伐尼，出生在意大利的波隆那。二十二岁那年，他取得了医学学位，随后进入大学教授人体解剖学，并受聘成为"终身解剖学家"。

当时，欧洲正流行用莱顿瓶放电为病人"电疗"，年轻的伽伐尼对"电"也产生了兴趣，经常在实验室里用莱顿瓶和起电机进行各种"医用电学"的实验。那时所谓的医用电学，是一门研究"放电与肌肉收缩"的学问，简单来说，就是研究生物被电之后会有什么反应。

1780年某一天，一如往常在实验室认真工作的伽伐尼，正在和他的学生一起解剖几只青蛙。不过，当学生用手术刀触碰青蛙小腿外露的神经时，青蛙腿突然剧烈抽搐起来，这吓坏了实验室里所有的人！同一时间，另一个学

生正在蛙腿旁使用的起电机，也突然喷
出电火花。

　　"这个场景难道是死去的青蛙'显
灵'了？"身为科学家的伽伐尼，当然
不会这么想，他开始思考："蛙腿抽搐
跟电火花一起发生，这到底是巧合？还是有什么连带关系？"对电学和解剖学都
有钻研的伽伐尼，马上开始着手研究。

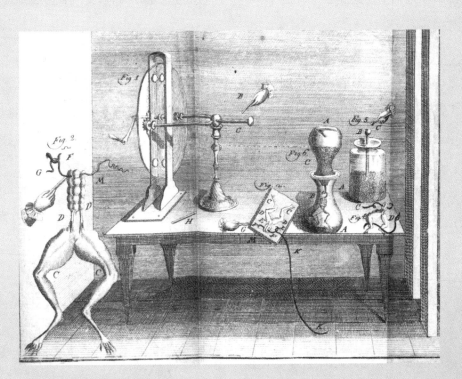

十八世纪伽伐尼进行蛙腿放电实验的设备。

首先，伽伐尼假设，如果蛙腿抽动跟电有关，会不会是附近的电源造成的呢？于是，伽伐尼用刀尖接触蛙腿，接着用起电机制造电火花。奇怪的是，这次再怎么放电，蛙腿都不会痉挛。

"原来，蛙腿跳动跟起电机无关。事实证明，两件事只是刚好同时发生罢了。"

接着伽伐尼想，会不会是因为实验当天大气里的电引发蛙腿抽动呢？为了验证这个想法，他用铜钩把蛙腿挂在花园的铁栏杆上，结果发现，不管晴天、雨天或暴风雨来临前，蛙腿都一样跳个不停。所以，蛙腿的跳动跟大气有没有电应该没有关系。

伽伐尼继续寻找答案。他发现，如果把蛙腿放在金属盘上，再用铁丝的一端戳进小腿，另一端与金属盘接触，蛙腿就会不停地抽动。

但是，如果把金属盘换成玻璃，铁丝换成玻璃棒，蛙腿就不会抽动。而且，如果用两种不同的金属，像是铜和铁或铜和银接在一起，然后两端分别接触蛙腿时，蛙腿又会痉挛抽动。

"电源该不会是来自青蛙的神经吧？"他想，"或许是青蛙的神经会发电，这些电像流体一样，沿着金属在青蛙的脊椎和小腿神经之间流动，才刺激蛙腿的肌肉产生抽动。"于是，伽伐尼提出了"**动物电**"理论，电的研究从此也进入了另一个里程碑。

我找到答案了！我将这种动物发出的电，命名为"动物电"！

伽伐尼

动物本身就有电？

就这样，伽伐尼把青蛙神经看成电源，认为动物的身体会发出特殊的电——"动物电"。不过，他并没有急着发表自己的发现，而是做了更多的实验来验证自己的想法，直到1791年才在《论肌肉运动中的电力》中发表以下内容：

"我用不导电或不太导电的物质，像是玻璃、橡皮、树脂等进行测试，结果蛙腿都不会产生抽动……我认为这应该是因为动物本身就有电，所以当痉挛现象发生时，神经中的电会经由导体流到肌肉中，就像莱顿瓶的放电现象一样。"

动物本身就有电？你们觉得可能吗？现在我们觉得答案很简单，但当时很多科学家不但觉得可能，甚至还认为"动物电"说不定就是动物的灵魂。

伽伐尼的"动物电"理论公开以后，等在后面的是一场将近十年的"蛙腿战争"，支持者与反对者不断地提出证据，隔空交战。但先不管这场科学论战的结果如何，伽伐尼向世人揭示的**"伽伐尼电流"**，后续已发展成一门完整的**"电生理学"**。直到现在，电生理学还是神经医学、复建医学等医学领域的重要基础。

毋庸置疑，人称"电生理学之父"的伽伐尼，是世界上研究"生物电"的先驱。至于他与电化学之间的关系呢，等我们下堂课介绍完他的主要对手——亚历山德罗·朱塞佩·安东尼奥·安纳塔西欧·伏特（Alessandro Giuseppe Antonio Anastasio Volta），你们就会明白了。

快问快答

1 这一课提到"电"和"静电"，两者到底有什么不一样？

　　静电也是电。但是，**静电是指静止不流动的电**。当我们用毛皮摩擦琥珀，或用梳子梳长发时，经常会产生静电。除非被其他东西移走，不然静电会静静地停留在物体上。而我们**平常使用的电，是"会流动的电"**，也就是"电流"。

2 为什么有些东西能导电，有些却不能呢？

　　能否**导电的关键**，在于那样东西在一般情况下能不能让电流通过。例如，金属的表面具有许多自由电子，可以朝同一个方向移动，形成电流。而水溶液则有很多阴离子、阳离子，透过阴阳离子的移动，也可以产生电流。

像我们两个人就是"绝缘体"……

真的吗？你确定？

LIS影音频道 ▶

扫码回复"化学第9课"获取视频链接

【自然系列——化学／电化学01】伽伐尼的"动物电"——蛙腿战争I（上）

　　在某个阴暗的夜晚，当生物学家伽伐尼在解剖死去的青蛙时，蛙腿竟然动了起来！难道是传说中的神秘力量让灵魂再现？

【自然系列——化学／电化学01】伽伐尼的"动物电"——蛙腿战争I（下）

　　伽伐尼公开发表"动物电"理论后，引起了众多科学家热议，最后因为科学家伏特的一个发现而有了重大转折……

第 10 课

电池诞生

伏特

伽伐尼让蛙腿跳动的消息公开以后，立刻在科学界引爆一股研究热潮。这群科学家中，有些人是真的想了解什么是"动物电"，有些人是想寻找更多电的线索，但有些人却是异想天开，想试试看能不能发现让动物"起死回生"的天大秘密。

所以很快地，各种不同的动物，像是牛、羊、鸡、狗、兔子……都被科学家们抓来做实验。而这些为科学献身的可怜动物，也没让大家失望，因为大家发现，这些动物全都出现了跟蛙腿一样的抽搐、抖动现象，所以"动物电"的理论受到很多人的支持，伽伐尼也得到众人的崇拜和称赞。

不过，科学就是这样，一个新的理论出来，无论看起来多么完美华丽，但终究还是得通过一关又一关的检验，确认没有错误、没有瑕疵之后，才能得到大家的信服。

也因此，伽伐尼才提出"动物电"的理论没多久，电学家伏特就对它提出了质疑。

我也要试试"动物电"实验！

救命啊，别接近我们！

伏特的"金属电"实验

当时，伏特已经是一位有名的电学专家，而且还是研究电压和储存电力的先驱。

早在1775年，他发明了"起电盘"——一种可以获得静电的简单装置，之后就名声大噪。所以，当伏特一听到伽伐尼的理论后，马上动手把蛙腿的实验重做了一遍。刚开始，他非常赞同伽伐尼，认为"动物电"是物理、化学、解剖学界的划时代发现！

不过，就像同样是吃烧饼、油条，有人注重烧饼，有人注重油条。或许伽伐尼是解剖学家，注意力大多只放在神经和肌肉上面。但是伏特不一样，身为物理学家，他的注意力更集中在用来做实验的"金属"上面。

原来，伏特遇上了跟当初的伽伐尼相同的状况——当钩子和金属盘用同一种金属，不会产生任何效果，只有这两者分别用不同的金属，才能成功使蛙腿跳动。这

为什么非要用两种不同的金属，才能让蛙腿成功跳动呢？

金属A

金属B

种奇怪的差异引起了伏特的好奇，而且伏特不像伽伐尼一样直接忽略这个现象，而是开始思考："如果一定要用两种不同的金属才会有电，那么电会不会是来自金属呢？"

为了证明自己的想法，伏特设计了一连串的实验。

他用很多种不同的金属，两两配成一对，然后用灵敏的金箔验电器来判断电力。结果发现：不管是锌、铜、锡或任何其他金属，只要和不同的金属一起接触青蛙的脊椎骨，都会产生电。而且，他还仔细记下每种金属起电的状况，并帮这些测过的金属排序：

1	2	3	4	5	6	7	8
锌	铅	锡	铁	铜	银	金	石墨

（实际上石墨不属于金属）

从这些金属里，随便挑两种金属出来配对，排在前面的金属会带"正"电，后面的金属则会带"负"电。而且，**不同的金属间不一定需要蛙腿，就算是用一块沾了盐水的布，也照样会产生电。**

哇，这么强有力的事实摆在眼前。这下，伏特应该可以推翻"动物电"了吧！这就是伏特提出来的"**金属电**"理论。

蛙腿战争初期："动物电"占上风

1793年，伏特在《最新物理通讯》中用"金属电"理论，反驳了伽伐尼提出的"动物电"。他认为，蛙腿的跳动不是因为"神经"会产生电，相反，是"金属"产生电，再流经青蛙的神经，才造成蛙腿抽动的现象。换句话说，"动物电"认为神经是电源，金属是导体；而"金属电"则相反，认为金属才是电源，蛙腿和神经都只不过是导体罢了。

跟伽伐尼比起来，伏特的理论算是相当严谨的。只是他的发现不是很容易观察。因为相较于莱顿瓶产生的电火花声光效果，一两组金属片能够产生的电流，实在太微弱。另一方面，"动物电"能让死去的动物弹起来，看起来好像比较"厉害"，自然也比较有说服力。

蛙腿战争就是"动物电"与"金属电"的争论。

所以伏特接下来的当务之急，就是做出一种电力够强，但是只用金属、不需要动物的发电装置，这样就能让"动物电"的支持者无话可说。

但是科学这回事儿，急也急不来。就在伏特在实验室里埋头研究的同时，支持"动物电"的人更是没有闲着，他们带着各种动物，四处宣扬"动物电"的理论，所到之处就像马戏团表演一样，好不热闹！其中，最有名的就是伽伐尼的外甥乔凡尼·阿尔蒂尼（Giovanni Aldini, 1762—1834）。因为伽伐尼的身体欠佳，阿尔蒂尼就成了舅舅的代言人。所以啊，"动物电"这一派人气很旺，声势也一直比"金属电"的高。

直到1800年，伏特研发的发电装置终于成功，蛙腿战争的局势才急转直下，并在十九世纪的第一年画下句号。

锌片铜片叠叠乐

亚历山卓德罗·朱塞佩·
安东尼奥·安纳塔西欧·伏特
1745—1827
意大利物理学家

蛙腿抖动，究竟是因为"动物电"，还是"金属电"？其实早在伽伐尼之前，就有人有过类似的经验。

1752年，瑞士的电学家萨尔哲（Johann Georg Sulzer，1720—1779）在柏林公开了一个发现：当他用2片不同的金属夹住舌头时，舌尖会感觉到"酸"味。而这个奇异的感觉，其实就是两片金属夹住舌头后，产生的微弱电流所造成的，只是当时的萨尔哲跟其他科学家一样，都没想到这件事情跟电有关。

而伏特也跟萨尔哲一样，以"神农试百'电'"的精神做实验。例如，他会用舌头同时舔着金币和银币，然后用金属线连接两个钱币，嘴巴就瞬间感觉有"苦"味。

伏特

苦！

我看到白光了！

接着，他又把一根用两种不同的金属接起来的弯杆，一端放嘴里，另一端接触眼皮上方，结果在接触的一刹那，眼睛仿佛看到了瞬间的闪光。

这些实验的结果，都让他越来越相信：不同的金属之间可能会产生"金属电"，根本不需要借蛙腿或任何动物产生"动物电"。所以，如果他的推论没错的话，他应该可以创造出一个只用两种金属和导电材料，就可以产生电的装置。

于是从1794年开始，他就在实验室里埋头研究。

首先，他发现在两种不同的金属中间，夹着用盐水浸湿的纸或麻布，并用金属线互相连接，这种"金属对"之间就会产生微弱的电流。

铜片

湿盐布

锌片

金属线

电流

"一对金属就能产生电流，那么2对金属呢？3对？或更多呢？"他心想。于是伏特开始像玩叠叠乐一样，把一对对圆形的锌片和铜片叠起来，越加越多，直至加到40～60对！

太棒了！金属片的对数越多，电力就越强！

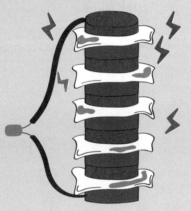

第一座"伏特电堆"的样貌。

　　他还发现，如果把铜片换成银，电力会更强，但是这样成本太高，毕竟银的价格比起铜片要贵上许多。

　　就这样，这一叠叠用金属片堆起来的电力装置，被称为"伏特电堆"或"伏特堆"。1800年，伏特正式公开了他的研究结果，新奇的伏特堆立刻在全欧洲引起了轰动！

　　"哇，这伏特堆厉害！可以一直不断地发出电啊！"

　　"没错！莱顿瓶放电一次后就得充电，神奇的伏特堆却不用，实在太厉害了！"科学家们纷纷为伏特的新装置着迷不已。

伏特还发明了另外一种名为"杯冕"的电力装置——他装了数杯盐水，再把金属电极连接起来，两端各自放入不同的盐水杯中（如下图），就能顺利通电。只不过，相较于伏特堆，这个装置显得比较麻烦，不够实用，所以后世也没有人拿它来做其他的应用。

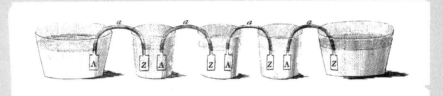

伏特发明的"杯冕"电力装置。

为了纪念伏特，人们把伏特堆称为"伏特电池"（Voltaic cell）。可是伏特却谦虚地认为，如果不是伽伐尼的"动物电"启发了他，这项新发明也不会诞生；所以为了感谢伽伐尼，他希望称它为"伽伐尼电池"（Galvanic cell）。

这就是人类历史上出现的第一个"电池"。

接下来，你猜怎么着？哈哈，没错，有了能够稳定产生电的电池，科学家们仿佛又有了新"玩具"，能够更充分地研究电流所产生的各种效应。原本难以观察到的许多电学现象，也都在电池出现以后，开始在人们面前显现。

突然有了这么好玩的"玩具"，想想看，其他领域的科学家们，会不会想要拿到自己的领域试试看呢？当然会！化学家也不例外。所以接下来，伏特电池就这么打开了**"电化学"**的大门。此时刚好是进入十九世纪的第一年，人类化学从"火"的时代，正式宣告进入"电"的时代！

Chap.
10

快问快答

1 为什么伏特发明电池时，要在两种不同的金属之间，夹着用盐水浸湿的纸或麻布呢？

因为盐水里不只有水，还有许多带正电的阳离子和带负电的阴离子，所以盐水布可以依靠阴、阳离子的移动，帮忙把金属片上的电子传到下一片金属片上去。但是盐水布的水很容易干掉，当阴、阳离子移动困难时，电流就会减弱，所以后来伏特才会发明改良版，用装着盐水的杯子代替盐水布。

2 我们现在使用的干电池，也跟伏特电池的原理一样吗？

干电池的确是从伏特电池慢慢改良而来的，只不过我们现在的技术大大进步，不再需要一大串金属片和湿答答的盐水布了，所以称为"干"电池。

从下图可以看到，现代的干电池正极是"**碳棒**"，负极则是包在外壳底下的"**锌筒**"，而在碳和锌之间取代盐水布的则是**氯化铵、二氧化锰**和**石墨粉**等组成的**糊状物**。不过在干电池里，碳棒其实没有参与反应，它的功能是用来导电的，真正与锌筒发生作用的是糊状物里的二氧化锰哟！

正极

锌筒

碳棒

负极

氯化铵糊状物

二氧化锰和石墨粉组成的糊状物

原来电池内部长这样……

126

3 **伏特电池看起来构造简单。我可以自己动手做吗?**

当然可以啰,你只需要准备许多铜币、铝箔、纸板,再以铜币、纸板、铝箔、铜币、纸板、铝箔……的顺序反复做出电堆,再浇湿铜币和铝箔之间的纸板之后,铜币就会变成正极,铝箔则会变成负极,就能成功做出电池了。

请看LIS的《铜币电池充手机》影片,有详细的做法介绍哟!

扫码回复"铜币电池充手机"
获取视频链接

LIS影音频道

扫码回复
"化学第10课"
获取视频链接

【自然系列——化学/电化学02】伏特堆与金属电——蛙腿战争II伏特篇(上)

伏特对会跳动的蛙腿做出了全新解释,那就是所谓的"金属电"。不过,"金属电"的发现就代表"动物电"不存在吗?

【自然系列——化学/电化学02】伏特堆与金属电——蛙腿战争II伏特篇(下)

1794年,伏特再次成功利用不同金属片隔着盐水布,制成电力强又稳定的发电装置——伏特电池,也引领了后续科学界一波又一波的重大发现……

附录1

化学是一门研究物质性质、组成、结构乃至变化规律的基础科学，更联结了物理、数学、生命科学，以及医学等许多跨领域的科学研究。本套书主要介绍化学理论的演进脉络，还有众多科学家不畏艰难、前仆后继探究真理的研究历程，特别适合初中、高中的孩子阅读，亦可与学校的课程相互配搭，必可获得前所未有的学习乐趣。

本套书与初中、高中化学教材学习内容对应表

化学课程 教材	学科概念 及知识点	本书内容	对应教材内容
人教版化学 九年级上册	化学变化 和物理变化	第1课　没有化学的漫长年代 "快问快答"板块 第11页	第一单元　走进化学世界 课题1　物质的变化与性质
人教版化学 九年级上册	空气是由 什么组成的	第5课　氧气大发现 空气的组成　第53、60页	第二单元　我们周围的空气 课题1　空气
人教版化学 九年级上册	制取氧气	第5课　氧气大发现 排水集气法促使发现氧气 第53页	第二单元　我们周围的空气 课题3　制取氧气 实验活动1　氧气的实验室制取 及性质
人教版化学 九年级上册	质量 守恒定律	第6课　质量守恒定律 拉瓦锡和他的"定量"实验 第68~70页	第五单元　化学方程式 课题1　质量守恒定律
人教版化学 九年级上册	碳和碳的 氧化物	第6课　质量守恒定律 钻石的"燃烧"　第71~73页	第六单元　碳和碳的氧化物 课题1　金刚石、石墨和C_{60}
人教版化学 九年级上册	质量 守恒定律	第6课　质量守恒定律 拉瓦锡和他的质量守恒定律 第75、76页	第五单元　化学方程式 课题1　质量守恒定律

化学课程教材	学科概念及知识点	本书内容	对应教材内容
人教版化学九年级下册	石蕊试纸	第7课 统一命名大作战 波义耳发明石蕊试纸 第88、89页	第十单元 酸和碱 课题1 常见的酸和碱 酸碱指示剂——石蕊
2019人教版高中化学必修2	可逆反应、浓度	第8课 原来化学反应可以"逆" 可逆反应 第98~102页	第六章 化学反应与能量 第二节 化学反应速度与限度
2019人教版高中化学必修2	化学反应与能量变化	第10课 电池的诞生 锌片铜片叠叠乐 第122~126页	第六章 化学反应与能量 第一节 化学反应与能量变化

附录2 名词索引 （依首字笔画、拼音顺序、字数排列）

131

图片来源